台灣秘境溫泉

跨越山林野溪、漫步古道小徑，
45 條泡湯路線完全探索

推薦序

阿貴本人業餘喜歡泡溫泉三年內累積 60 處溫泉點，2000 年 9 月辭去工作專心
做溫泉探勘，連續三年每年完成一百處以上溫泉，成立溫泉網站已經 15 年了。

除了跟研究所相關科系合作採樣以外，與柏淳合作溫泉分析工作，累積了溫泉
點的變遷過程及溫泉數據，都是很珍貴資料。

柏淳就讀相關課系又繼續深造，陸續參與活動親自涉獵很多溫泉點，長途跋涉
實屬不易，前幾年拍攝及撰文「生活多寶格」部落格就展現功力、圖文並茂、
深入探討、收集珍貴舊照片造福很多網友，這一次出書更能讓喜歡溫泉的讀者
能有值得收藏的著作，讓有文藝氣息的柏淳更上一層樓。

溫泉探勘／阿貴

當你能專注一件事情，你便能找到熱情。

在我們的生活周遭，很多的事物都是需要你用心去觀察，才會開始理解自己，
然後對某樣事物有著專注的追求。

『溫泉』是大多數人在冬天生活的享受之一，但卻又常知其然而不知所以然！
我們只知道溫泉的幾個分類和對身體的好處而已！

沒想到柏淳在機緣下，開始涉足臺灣鮮為人知的野外運動，然後專注在溫泉的
研究。花了十年的時間，從臺灣 45 處的溫泉地歷史和泉水狀況，做了非常深
入的研究和分析，寫成了臺灣第一本專業的溫泉書。

如果不是他熱情的投入，帶我們認識自己土地的來龍去脈和珍貴的溫泉知識，
就不會有完整的瞭解和保存。他用這本書，讓讀者能以不同於休閒觀光的觀點，
認識我們所不知道臺灣的『溫泉』資產。

攝影作家／田定豐

真想跟著一起去泡湯！

初次見到柏淳的文章，是在他的部落格「生活多寶格」，除了看到一篇篇精彩的攝影作品、平實卻生動的文字，他的涉獵多元，亦剛亦柔，讓我對這位作者產生了好奇。

剛開始，只覺得這個人的遊記很知性，攝影功力很不錯，興趣很廣泛，一介書生斯文模樣，卻常為了尋訪溫泉密境翻山越嶺涉溪攀岩，毅力耐力驚人。慢慢地，發現在他年輕的身體裡，好像住了一個老學究的靈魂，不只是做學問時縝密嚴謹，講究實事求是，平常的嗜好竟是喜歡蒔花弄草，收藏玉石古玩。

最讓我感到特別的，這麼一位看過許多大山大海大自然的人，卻很喜歡用微觀的眼光看世界，無論是路旁不起眼的小草小花、溪畔的岩石苔蘚，甚至溫泉源頭的礦物結晶…，讓尋訪溫泉不只是為了泡湯，而是一趟豐富之旅，著實讓讀者大開眼界。很高興看到柏淳將累積多年的觀察與紀錄完成這本很特別的書，表面上看似一本輕鬆的個人遊記，但文中的每個溫泉，除了一般性的景點介紹外，身為地質專家的他更以做研究的精神，就連各種關於地質、泉質，甚至於植物、生態的介紹都不含糊，遇到一些特殊的溫泉，還會用心考據搭配古老的文獻、照片，讓讀者可以深入淺出了解溫泉的前世今生，享受各處溫泉的特色。

對於初接觸溫泉（特別是野溪溫泉）的人來說，這本書是一本很好的入門及索引，對於原本就喜愛溫泉的人來說，這本書無疑也是深入了解臺灣溫泉的最佳寶典，對我來說，不等看完整本書，就已經迫不急待想跟著一起去泡湯了！

財團法人臺北市開放空間文教基會 執行長 ／ 黃浩德

自序

會涉足溫泉這個領域，實在是機緣巧合。記得多年前，臺灣的「溫泉法」通過 不久，老闆吩咐我在業務有空之餘不妨蒐集溫泉相關資料，說是有備無患，或許將來派得上用場。當時的自己對溫泉其實並無多大興趣，講得出的溫泉屈指可數。礙於這是交辦的任務，我仍花了些時間上網，不過四處搜檢也沒個頭緒。直到於紛雜的資料訊息間瀏覽到「臺灣溫泉探勘服務網」，這才驚訝於臺灣原來在深山裏還藏有為數眾多、令人眼花撩亂的野溪溫泉，更進而認識網站的主人— 林義貴先生，阿貴。

阿貴是個執著於溫泉的熱情人，他馬上邀約我參加他所舉辦的高雄十二坑溫泉探勘行程。我其實猶疑了好一陣子。自己並不是個天生喜歡戶外活動的人，體育細胞也不好。大一的時候，參加登山社的室友一直攛掇我去爬山，我清楚地記得那時還順口回他：「我腦袋壞了才跟你去那荒郊野外累死自己呢！」另一 方面，我也沒那些貴到令人咋舌的露營與溯溪裝備。然而溫泉網裏的隊員們實 在都極為體貼，二話不說就幫我喬好自臺北出發的便車，也有人願意先借我背 包、帳篷等基本用具。盛情難卻下，我便一咬牙參加了，結果那次行程最後卻 是受阻於懸瀑之上，失敗收場。

雖說是出師未捷，但這次三天三夜的野外初體驗倒讓我對戶外活動改觀，或許自己並不是那麼討厭，只是沒親身嘗試過罷了，像是沒吃過生魚片就直喊腥的人一般。於是我接下來又選擇參加了幾次活動，慢慢依著經驗添購所需的配備，在隊員們的通力合作下，成功探訪了好幾處深山裏的溫泉，即便身手 仍是粗笨，也算初入門了！有了這樣順利的起頭，接著倒又引起了我個人的蒐集癖。頭都洗下去，裝備都投資了，那乾脆就儘量把臺灣已知的溫泉都走一趟吧！就此也因緣際會地認識了愈來愈多同遊山林，攜手互助的好友，像是吳仰鎧、郭仁傑、許漢源、劉泉海，還有特地幫我開了幾次長天數、困難探勘行程的貓腿探勘隊。能有拜訪過臺灣絕大多數溫泉這樣小小的紀錄，真多虧了他們的同行與支持，由衷感激。

也因為身歷過其境，自己不免又開始對各個溫泉曾經的過往歷史感到好奇，這麼些年來有機緣就抄記下翻找到的溫泉相關資料，旁徵博引，擷古採今，撰寫成部落格文章分享給同好。之間曾有不少朋友半開玩笑地告訴我，你可以將資料整理出書囉！只是我都沒真當回事。坊間過去已有詳細介紹臺灣各個野溪溫泉的專書，不勞我野人獻曝，而要敘及溫泉歷史或是地質背景，好像感興趣的人又不是那麼多。主要也是自己個性慵懶，網上發發文是一回事，要整理彙集成能出書的篇章，那可得花上不少額外的功夫與精神，因此總也沒下筆。

臺灣這幾年遭逢不少天災，各地溫泉景觀變異極大，有不少已是面目全非。另一方面，在眾山友努力下，卻也重新發現了好幾處從未正式露過面的溫泉。然而回顧 10 年來，市面上卻往往只出版推薦溫泉旅館的雜誌，介紹溫泉其他面向的書籍相對乏善可陳。對於深深感動於臺灣溫泉豐富多元的我來說，這不啻是一種缺憾。此次意外接到城邦出版社的邀稿，我回頭想想，突然有種體認，的確也該將手邊這些年來探訪溫泉所拍的照片，所蒐集到的資料，連同自己的心情感受做番整理。再放下去，便舊了，也沒意思了。

因而，這本書的出版，或許能當成是我替這 10 年來臺灣 45 處重要溫泉所留下的一份書面註記，定格影像，是嘗試接續臺灣溫泉歷史文化的一小段篇章。若是多年後不經意翻閱此書的讀者能有上述的感受，能因此書引發更多溫泉與戶外活動同好者在泡湯之餘對溫泉的別樣情感，就像是我在燈下審視日據時代所留下來的珍貴溫泉老照片那般，那自己也就心滿意足了。

陳柏淳

地熱與溫泉

所謂「地熱資源」是指自然產生於地底下的熱流體，包括蒸汽、熱水和溶解
在其中的各式化學組份。這些熱流體的主要來源是地下岩層孔隙中流動的地
下水。由於地下有熱源存在而使地下水溫度增加，變為高溫的氣體或液體，
並儲存在具有良好孔隙率及滲透性的岩層中。

地殼內所存在的大量熱源主要來自於地球內部放射性同位素的衰變、地球位
能的轉換（地球收縮導致位能降低，轉變為熱能）等。一般而言，地殼表層
的溫度向深處逐漸升高，平均每公里增加 30℃。依此地溫梯度推算，地下 10
公里深處的地溫將達 300℃左右。而實際上，世界各地的地溫梯度並不相同，
在板塊隱沒帶上方或是板塊擴張的中心線附近，是岩漿產生與活動地區，這
裏的地溫梯度特別高，遠超過 30℃／公里，因此是孕育地熱資源的理想處所。
臺灣由於正好位於板塊隱沒帶上，所以也是一個頗具地熱潛能的地區。

而溫泉，其實就是地底下地熱資源顯露於地表上的徵兆。地表上有很多自然
湧出的泉水，水溫大多冰冷。而「溫泉」則是泛指水溫高於當地年平均溫度，
或溫或熱，甚至是沸騰的泉水。除了溫度較一般地表水高外，溫泉水通常還
含較多的礦物質與氣體。這些礦物質都是溫泉在地底下流動時自岩石間逐漸
溶出。通常水的溫度愈高，流經的途徑愈長，其所含的礦物質濃度也就愈高。

溫泉大部份是雨水滲到地下深處被加熱後，再重新上升到地面湧出，或是地
層中在沉積階段所包覆的古水受應力擠壓上升而形成。也因此溫泉並非隨處
可見，必須在地質環境具備可供地下水流動的深長裂隙、得以加溫水源的地
下熱源與充足地下水的情況下，才容易出現溫泉。

臺灣是位於西太平洋邊緣的海島，受季風及颱風影響，雨量豐沛，全臺各地
的年平均雨量可達 3,000 公釐以上。又臺灣位於菲律賓海板塊與歐亞板塊的
碰撞造山帶上，容易形成深長的斷層和複雜的褶皺，深部熱的岩層快速抬升
而形成構造破碎的山脈，擁有較高的地溫梯度。此外，臺灣北部地區和東部
外島，過去曾發生大規模的火山活動，推估目前仍有高溫岩漿庫存於地底，
亦是形成局部地溫梯度高的原因。綜觀溫泉形成的三大要素：一、充沛的地

下水、二、深長的裂隙、三、異常高的地溫梯度，臺灣皆具備，這也就是臺灣擁有豐富地熱與溫泉資源的原因。

1982 年日據時期，日籍人士大江二郎記載臺灣溫泉共計 82 處，1955 年顏滄波提及共有 100 餘處，然其中有多處為中油鑽井或為冷泉。陳肇夏於 1989 年「臺灣的溫泉與地熱」一文中，合計臺灣溫泉 98 處。另 2000 年張寶堂先生彙整出 128 處。根據中華民國溫泉法中所訂定的溫泉基準，綜合實際野外勘察結果，目前臺灣確切已知的自然溫泉徵兆區共有 150 處。臺灣山林地貌險峻，相信未來仍會有隱藏於深山中的新溫泉露頭發表。

溫泉可以根據其物理狀態、外觀、化學組成或是形成的地質特性來做分類。例如以溫泉水來源的地質特性，可將溫泉分類為火成岩區溫泉、變質岩區溫泉與沉積岩區溫泉。而若以溫泉水中最常見的陰離子相對含量為依歸，則可將溫泉分為以氯離子為主的氯化物泉、以碳酸氫根離子為主的碳酸氫鹽泉和以硫酸根離子為主的硫酸鹽泉等等。

臺灣因地質條件複雜，因而溫泉的種類亦十分豐富，是觀光發展市場區隔的賣點，也提供將來溫泉醫療研究的不同題材。例如大屯火山區的溫泉以其酸鹼性及所含的主要陰離子就可以歸為六大類。另外例如關仔嶺、中崙富含鈉離子的泥漿溫泉，廬山、知本等俗稱美人湯的碳酸氫鈉泉，綠島的海底溫泉等等，提供了民眾泡湯多樣的選擇。

雖然溫泉原意是自然湧出的溫熱水，不過根據臺灣的溫泉法，無論是自然湧出、鑿井汲出或是於地面人工混合硫磺氣與地面水，只要其水溫與水質符合「溫泉基準」的定義，皆可稱為溫泉。但若是以溫泉機內的礦石顆粒釋放礦物質或是由濃縮溫泉粉再製的熱水，則不可稱為溫泉。至於所謂的冷泉，除了溫度低於攝氏 30 度之外，臺灣的溫泉法也特別規範其內所含的游離二氧化碳濃度需達 500(mg/L) 以上。

臺灣的溫泉利用簡史

臺灣的溫泉產業在清代以前，記載較少。在漢人及平埔族人分布的北投與金山，一般人皆認為酸性的礦水有害於農作物生長，避之唯恐不及，僅當作開採硫黃的礦床。西元 1696 年時，福州榕城的火藥庫爆炸，清廷下令地方政府要自己負責補足缺失的火藥。由於硫黃是製造火藥的必要原料，當時日本的硫黃價格 又十分高昂，福州政府無法負擔，因此秀才郁永河便自願請命在隔年來到新北 投一地採硫，並留下了有名的臺灣地理介紹文章「裨海紀遊」。而在原住民的 神話傳說中，雖常有因打獵追逐受傷的動物而發現其在溫泉中療傷的故事，但 也並未有真的文獻考據（雖然，溫泉邊的高地的確常可發現原住民的舊部落遺跡）。比如廬山溫泉曾有「靈泉」美名，相傳這是因原住民狩獵時發現一隻受 傷的鹿逃至此溫泉為自己療傷並痊癒了，因此被視為「靈泉」。而另外像泰雅 族語「烏來」就是指「冒煙的熱水」，泰安溫泉也相傳在泰雅先民的打比歷社 頭目所發現後，成為族人等待狩獵與休憩的重要場所。

臺灣溫泉沐浴休閒歷史的真正開端，仍得算是從日據時代開始。日人初始開發 的溫泉是臨近臺北市中心的新北投，接著是草山（即現在紗帽山週邊一帶）。日人平源田吾在郁永河來臺採硫後的 200 年(1896)，在新北投開設了全臺第 一家的溫泉旅館「天狗庵」。後來隨著撫蕃軍事行動的進行，日人深入雪山山脈與中央山脈，逐一又發現並開發了不少原本在原住民勢力範圍內的溫泉，如清水、泰安、谷關、廬山、東埔、知本、安通、文山等等。當時有建設比較完善的，所謂的四大溫泉：陽明山、新北投、關子嶺、四重溪。在日人愛好精緻 乾淨的天性下，這些溫泉區的建築、周邊景緻都呈現出簡約清爽的風格，是旅 遊與療養的好去處。也因此，日據時代在不少的溫泉地都設置有警察療養所（就 是延續至今的警光山莊），這應該可以稱得上是最早的溫泉連鎖旅館。而光復 之後，百廢待興，加上民權高漲，政府相關單位又無完善的溫泉管理辦法，因此原本的溫泉區開始進入較無章法的階段。店家各憑本事侵佔河川行水區、原 住民土地，且在不合法的狀況下，商家一切只求有，並沒有更上層樓的打算， 常以較簡便的方式，速成地搶蓋溫泉旅館。於此情形下，大部份的溫泉區雖然名氣依舊，美景卻不可同日而語，整體環境顯得粗糙。

待國民所得提高且實施週休二日，使得休閒風氣大盛後，近年來的溫泉旅館不論其設備精緻度及建築外觀都有大幅度的進步。只是業者缺乏統一的步調與規劃，各行其道，各走各的調，溫泉區整體看來仍是雜亂不堪，缺乏獨特統一的風格。這讓遊客腦海中並無法對單一溫泉區產生鮮明的印象，全臺各地的溫泉區看來總是大同而小異。而在九二一地震鬆動山區地質，加上氣候變遷帶來的豪雨肆虐，頻頻引致大規模的山崩土石流後，臺灣的溫泉產業又遭逢更無情的催殘。像是谷關溫泉，廬山溫泉、88水災後的知本、金崙、金峰，甚至是近期的烏來溫泉，都受到非常嚴重的破壞。有鑑於此，臺灣的溫泉產業實在需要有更全盤的考量與規劃。或許在既得利益者不願放手的情況下，一些溫泉區並無法做立即的改善，但是政府仍可亡羊補牢，對已不適開發的溫泉停止再大量進行無謂地投資與補助。

野溪溫泉探勘及
應注意安全事項

近年來熱衷於戶外活動及野營的國人愈來愈多，除了已開發的溫泉，臺灣那些人煙罕至，保持原始風貌的溫泉便也順勢在近期成了湯客注目的焦點。如此天然的溫泉大多都是分布在交通不便，抵達又困難的崇山溪畔，這便是「野溪溫泉」一詞的由來。

或許有人心中會想著一個問題：為什麼溫泉大部分都出現在溪邊呢？這是由於溪谷通常是地下水面的最低點，兩側山坡上的靜水壓力與溪床處比起來都會更高。由地層深處經斷層等裂隙上湧的溫泉水，自然會找壓力最小的點，也就是溪床附近湧出。而且通常溪谷就是沿著地層間的斷層或是破裂面多的部位發育，這些岩層間的破裂面也替溫泉水的上湧循環提供了良好的途徑。再加上河水經年的沖刷，讓溪側的岩壁可以保持裸露，溫泉水就不會因被厚層的土壤等堆積物掩蓋而沒有現身的機會了。

雖然這些很少聽聞的溫泉隱身在深山峻谷間，可是要拜訪她們，倒也沒那麼難，只要準備好適當的裝備，邀請熟門熟路的人當嚮導，選擇河川的枯水期（11 月至 4 月間）前往，成功率還是蠻高的。一般說來，像是防滑效果佳的溯溪鞋、幫助保持平衡的登山杖，快乾衣褲、手套、救生衣、安全帽、傘帶、浮水繩等算是最基本的配備。至於說帳篷、睡袋、爐具等露營器材就不用說了，自然是一定得準備齊全的，那是因為到這些溫泉，往往都得要花上個一、兩天，露宿是很自然的事，而這也是探訪野溪溫泉最有趣的地方。當費盡千辛萬苦，跋山涉水抵達溫泉後，能趁著天黑前將營地整頓好，挖圍好一窟熱氣蒸騰的溫泉池，那種溫暖妥適真是會讓人一試上癮的。

入園申請資訊如下
請洽所在地國家公園

陽明山國家公園

http://eip.ymsnp.gov.tw/apply/apply1/

太魯閣國家公園

http://permits2.taroko.gov.tw/2013_taroko/

雪霸國家公園

https://apply.spnp.gov.tw/

玉山國家公園

https://mountain.ysnp.gov.tw/chinese/index.aspx

入山申請：

https://nv2.npa.gov.tw/NM103-604Client/

推薦網站

臺灣溫泉露頭資源網：http://210.69.81.175/

臺灣溫泉探勘服務網：http://www.twem.idv.tw/

01 新北投

積累百年的泡湯文化底蘊

1911 年，梁啟超應臺灣五大家族之一霧峰林家的林獻堂之邀訪臺。他在遊歷新北投後做了首《北投溫泉》詩，詩中道：「尋幽殊未已，言訪北投泉；曲路陰迴墾，海流碧噴煙，土膏溫弱荇，溪色澹霏煙，苦憶湯山淥，明陵在眼前。」幾經盤繞才得親眼見到隱於峻秀山坳間的噴煙溫泉，頗有秦人尋訪桃花源之感。當時梁啟超所拜訪的溫泉源頭就是現今臺北市的著名景點「地熱谷」。

當然，新北投溫泉早在梁啟超到訪前就已開發。榮膺臺灣 " 第一家 " 民營溫泉旅館名號的，便是 1896 年（明治 29 年）由日本人平田源吾創建於北投溪畔的「天狗庵」(1895 年日本佔領臺灣)。可惜一如大部份古蹟，天狗庵的主體建築早被拆毀，原址現改為加賀屋旅館，僅留下當初爬坡進庵的短石階，以及階頂以卵石堆疊而成的兩支石柱供旅人摩挲憑吊。

若不將清朝康熙年間為採集硫黃來臺的郁永河列入，平田源吾應該也算得上是文字紀錄中首位費心在臺灣尋找溫泉的有志者。此外他也於 1905 年（明治 38 年）推動北投「湯守觀音」的設立，又集結了數位文學家歌詠新北投的篇章，於 1909 年（明治 42 年）出版了一本圖文並茂的《北投溫泉誌》。正如「臺灣日日新報」記者所稱，平田源吾「他堅守著自己開拓者的本分，成為北投的重要人物，北投溫泉的守護人、北投的活路標，和北投溫泉共存共生，創造出無限的生命。」因此，談到臺灣的溫泉歷史及發展，實在不能不提及此位先驅者。

日據時代的新北投溫泉區

首位費心在臺灣尋找溫泉的
有志者，日人平田源吾

多年前「地熱谷」倒是稱為「地獄谷」，一個鬼氣森森的名字，彷彿該有什麼意外等著發生。溫泉池邊一座祭拜孤魂野鬼的小萬應公廟，更坐實了這份恐怖。後來小小更動一個字，改成「地熱谷」，連帶禁止了危險的煮蛋活動。臺北市政府近期大刀闊斧地重新規劃地熱谷設施，設立了遊客中心，同時引進生態工法，捨棄原本的水泥，池緣改採石塊舖面和木製欄杆，雖然暫時看來仍有些刀截斧劈，過份簇新，不過時間一久大抵也就自然了。

由於地熱谷經年礦煙蒸騰，泉池水色泛青，故素有「礦泉玉露」之稱，新北投著名的「青磺泉」，指的也就是此處湧出的溫泉。其泉質屬於強酸性的硫酸鹽氯化物泉，水中所含的礦物成份不易因接觸到空氣而氧化析出，所以水色與一般的白磺相較，能長期保持清澈透明。地熱谷一天的湧水量約為 12,000 公噸，溫度約攝氏 68 度，加上泉中礦物質濃度非常高，適合加以稀釋後再浸泡，溫泉資源可說是相當豐沛。臺北市政府在此設立攔堰統一取水，供給下游的溫泉業者使用。

在地熱谷湧出的溫泉水全注入北投溪的過去，北投溪溪水的溫度是很高的，可直接在溪床上的淺潭泡湯，日據時期便在溪潭裏開闢了露天浴池，潭旁還有一道日人稱為「瀧」的短瀑。而這樣流淌在溪床上溫泉，也生成了著名的「北投石」。

水色微青似玉的地熱谷

位置：臺北市北投區
TW67 X:300736 Y:2781362
抵達難易度：易
型態：已開發
溫泉區泉質：強酸性氯化物硫酸鹽泉
pH 值：1.4
溫度：攝氏 68 度

北投石（Hokutolite，北投日語為 Hokuto）是 1906 年由日人岡本要八郎在地熱谷下游的北投溪中所發現的。這是一種含有微量放射性的含鉛重晶石。現今在幽雅寧靜的北投善光寺庭院中還設有一座「岡本翁頌德碑」，即是對岡本先生的終身成就給予最高的敬意。北投石不僅珍貴稀有，也是唯一以臺灣地名命名的礦物。由於其聲名遠播，日本裕仁皇太子也於 1923 年親蒞北投溪探勘，並在 1933 年 11 月 26 日將其公告為「天然紀念物」，嚴禁採取。只是光復後，北投溪的北投石歷經多年採擷，加上污水污染、溫泉水源被攔截取用，已見不到新生成的礦物，也很難尋覓到殘餘的晶體了。

新北投的光明路與幽雅路一帶溫泉旅館林立，從新北投捷運站出來，步行便可抵達，交通十分便利。配合上週邊綠意盎然的北投公園、古色古香的溫泉博物館，各處日據時期留下的古蹟與市立圖書館的綠建築，這一連串密集相連的景點，真是市民遊客泡湯消磨假日的首選去處。

溫泉博物館一角夜景　　　　　　　　冬季煙霧瀰漫的地熱谷

位於溫泉博物館旁的短瀑是日據時期露天浴場所在

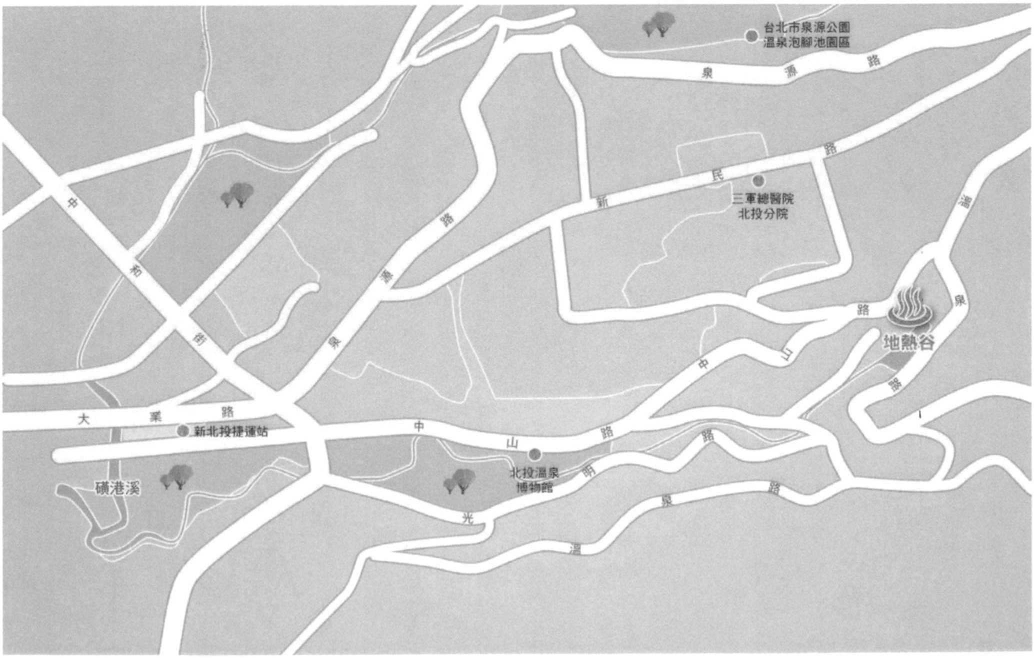

1
2 3

1. 溫泉水流淌的北投溪
2. 北投石結晶
3. 地熱谷池面蒸騰的水氣

梅庭

地址：臺北市北投區幽雅路 32 號

「梅庭」是一棟散發著濃濃日式風情的古蹟建物。與著名綠建築「北投市立圖書館」、都鐸式的「溫泉博物館」以及湯客最愛的「千禧湯」連成一氣。漫步在新北投溫泉區的中山路上，很難不被她美麗的身影吸引而入內一探究竟。著名的書法家與政治家「于右任」從民國 38 到 53 年常常到這裏，既為了避暑、避壽，也為了避關說。他也常在這和賓客們討論「標準草書」事宜。自然，在古蹟修復後，「梅庭」內部的陳設及展覽主題便以于右任的生平介紹及書法作品為主。

02 硫黃谷

煙滅於歷史間的採硫事業

硫黃是火藥的原料之一。自從大航海時代肇興，槍砲逐漸成為戰爭武器的主力，硫黃的重要性自然也就水漲船高。位於北投的「硫磺谷」就是臺灣曾經輝煌過，富有歷史的採硫舊地。只是自從 1959 年中油公司高雄煉油廠自石油中成功回收硫黃及自國外進口大量廉價硫黃後，傳統採硫業由於人工成本高，競爭能力銳減，大屯火山區的採硫事業就逐漸淹沒於歷史的洪流之中，硫磺谷也改以生產半人工溫泉，提供給下游新北投一帶的居民及溫泉旅社使用。

臺灣硫黃產區接近海岸，很早就有人採掘，作為貿易商品輸出。早在元朝汪大淵所撰的《島夷誌略》（1349，元至正九年）一書中，便記載臺灣出產硫黃。「地勢盤穹，林木合抱。山曰翠麓，曰重曼，曰斧頭，曰大崎。大崎山極高峻，自彭湖望之甚近。……地產沙金、黃豆、黍子、硫黃、黃蠟、鹿、豹、麂皮。貿易之貨，用土珠、瑪瑙、金珠、粗碗、處州瓷器之屬。海外諸國，蓋由此始。」由上述可知，雖然無法確定硫黃的產地是否就在北投硫磺谷，但臺灣的硫黃至少在十四世紀中葉即成為對外貿易的輸出品。

1624 年荷蘭人即佔領大員（今臺灣安平），開始殖民臺灣。荷蘭對於臺灣當時的硫黃貿易情況也有所記載。1640 年（明崇禎十三年）《巴達維亞城日記》（印尼亞加達）即記有：「商人白哥（Peco）及甘培（Campe）所派往淡水之帆船三艘，已於十月回來，運到粗製硫黃十萬斤。其中二萬斤為大塊而透明，其他為碎末，可精製為大塊者。彼等日日從業，因缺乏必需之油（roet），乃向中國訂購，日日期望其來貨，而以為可應付馬拉巴耳（印度半島上的 Marabal）海岸之訂貨。」由此紀錄中可知此時臺灣北部的雞籠（基隆）、淡水雖仍在西班牙的控制之下，但荷蘭透過中國商人，仍可取得硫黃。由硫黃系由淡水出港，可推測應為北投地區所出產，且從頗為殷切急迫的態度可看出荷蘭當時對硫磺貿易的需求。

日據時代的硫磺谷採硫景況

位置：臺北市北投區
TW67 X:302015 Y:2782036
抵達難易度：易
型態：已開發
溫泉區泉質：酸性硫酸鹽泉
pH 值：2.1
溫度：攝氏 65 度

硫磺谷內正在開鑿的新溫泉井

西元 1696 年，福州榕城火藥庫發生爆炸事件，清廷下令地方政府須自己負責補足缺失的火藥。由於硫黃是製造火藥的必要原料，當時日本的硫黃價格又十分高昂，福州政府無法負擔，因此郁永河便自願請命在隔年來到新北投一地採硫，並留下了有名的臺灣地理介紹文章「裨海紀遊」。

由「裨海紀遊」的敘述可知，郁永河並非親自開採硫黃，而是以布匹向平埔族換取硫土，再予以加熱提煉：「復給布眾番易土，凡布七尺，易土一筐，衡之可得二百七、八十觔。明日，眾番男婦相繼以莽葛載土至，土黃黑不一色，色質沈重，有光芒，以指撚之，颯颯有聲音者為佳，反是則劣。」

郁永河返回大陸後，清廷並未就此積極開發此礦場，反而是有不少不肖之徒在政府鞭長莫及、管不勝管的態勢下在此偷掘硫黃，私製火藥。1786 年（清乾隆五十一年）發生了林爽文事件後，清廷正式下令封礦，嚴禁採硫，甚至規定每年二、五、八與十一月，都會派兵放火燒山，使得想私採硫者無所遁形。

上文提及在採硫事業停止後，硫磺谷改以生產半人工溫泉為主。為什麼溫泉有「半人工」的呢？這是由於硫磺谷一帶地下岩層的溫度實在是太高了！在地下流動的地下水全被加溫成蒸氣狀態，透過隆隆作響的噴氣孔，化成一道道的白煙竄出地面，真正湧出的溫泉水，量反而不多。

冬季天冷時礦煙四起的硫磺谷挖掘礦土後的凹坑常年積水，意外成為另一片美景

在新北投一帶，琳瑯滿目的溫泉店家和民宅齊聚，溫泉的需求量自然驚人。少數溫泉業者是使用近在咫尺，地熱谷的青磺泉，但這些水源還是不足。為了能有效利用地下的熱源，臺北市政府便將地面的水源經淨化處理後，導引到築蓋在噴氣孔上方的水池裏。有了池子裏的水體壓制，地底下高熱的溫泉就不那麼容易汽化，而且地面水與地下湧出的溫泉和蒸氣混合後，還可以提供更多的溫泉熱水！

這些半人工的熱溫泉水，呈白濁半透明，稱為白磺，同樣具備硫黃泉該有的臭雞蛋味。只花費小成本引水，就可以創造出更多珍貴的溫泉供湯客使用，想想，這還真是個聰明的點子呢！

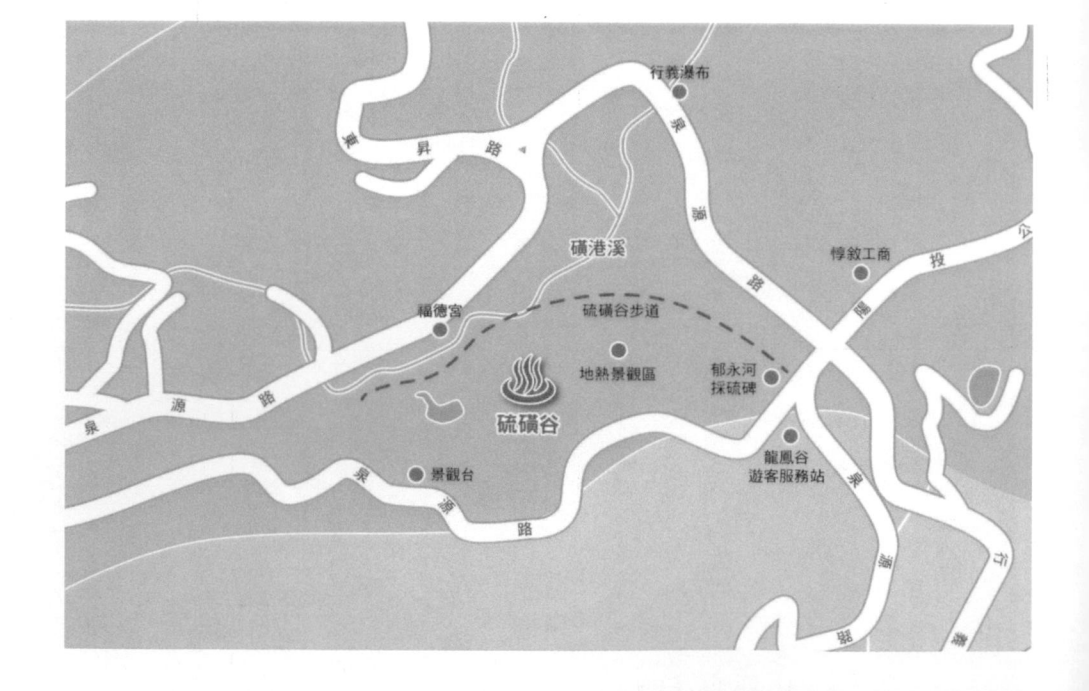

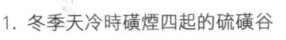

1. 冬季天冷時磺煙四起的硫磺谷
2. 正在加熱中的半人工溫泉池
3. 硫磺谷停車場旁建有泡腳池供遊客使用
4. 位於硫磺谷內廢棄的陶製溫泉輸送管路

北投文物館
地址：臺北市北投區中山路 6 號
　　　（臺北市北投區幽雅路 32 號）
（http://www.beitoumuseum.org.tw/index.html）

臺北市市定古蹟「北投文物館」位於幽靜的北投山腰，佔地廣達 800 坪。其主體始修於 1920 年，是現今臺灣僅存的純木造二層日式房舍，彌足珍貴。當時的用途為旅館，取名「佳山旅館」。此處不僅依山而能俯瞰平野綠疇翻浪，視野也能遼遠地望至山勢曲折的觀音山。

03 雙重溪

一次滿足味蕾與身體對溫度的渴望

雖然雙重溪這兒有許多的溫泉資源，不過，日據時代似乎沒有文獻指出這兒有特別的溫泉產業發展。唯一找到的資料是 1933 年，日人中治稔郎在今中山北路 7 段 191 巷處興建了天母神社，祭祀天母（天照大神和媽祖），稱為天母教。他又在天母神社附近設立了一個溫泉澡堂，稱為天母溫泉。其泉水就是以管線，沿著中山北路 219 巷取自二公里外的磺溪嶺一帶。只是再翻查 1935 年金子常光所繪的「大臺北鳥瞰圖」，不但不見「天母溫泉」的蹤跡，反而又多了個「士林溫泉」。對比相對位置，這個士林溫泉指的應該就是當初的天母溫泉，位在由紗帽山南側流下的松溪與南磺溪的匯流口下游不遠處。然而好景不常，第二次世界大戰爆發，盟軍對臺空襲，使得「天母溫泉」也關門大吉。至民國 34 年臺灣光復，該天母溫泉旅館被政府接收轉讓，後來則變成士林紙業公司的宿舍。

雙重溪溫泉即是臺北人熟知的行義路溫泉，區內溫泉湯屋及餐廳林立

提到「雙重溪」溫泉，你可能覺得陌生，沒聽人提過。不過，他另外的名字，「行義路溫泉」或「紗帽山溫泉」，臺北人應就耳熟能詳。雙重溪溫泉位在南礦溪上，從石牌、天母上去不遠，山路開車約 10 分鐘可抵，是臺北的熱門溫泉區。每當寒流來襲的淒冷冬夜，這裏的湯屋及餐廳反倒是擠滿了熙熙攘攘的湯客與饕客，成了一座紗帽山腰燈火通明的溫暖不夜城。

發源於七星山的南礦溪向南出了頂北投峽谷，在雙重溪這一帶地形轉為豁然開朗。估計是因為此處的安山岩歷經地下熱水長久的浸潤後，質地由堅硬轉為鬆軟脆弱，顏色也從灰黑變成粉白。後來經過風雨不斷地侵蝕與溪水淘洗下，谷地便逐漸加寬。再加上這裏舊時也是硫黃和硫化鐵礦場，過往的採硫挖掘，更是讓谷底留下一大片平坦可以充當停車場的腹地。

「雙重溪溫泉」範圍綿延約 500 公尺長， 又可分為兩處噴氣孔群集的區域：「龍鳳谷」及「礦溪嶺」。大部分的溫泉店家其實是集中在較下游的「礦溪嶺」，上游的「龍鳳谷」目前則由國家公園負責管理，只當作溫泉的源頭，並沒有實體溫泉浴池在此營運。和硫磺谷一樣，這兒底下的溫度太高了，以致噴出地表的，多是高溫蒸氣，得另行引地面水到築在噴氣孔上方的池子裏，加熱混合製成半人工溫泉，泉量才足以供應眾湯客使用。

製作半人工溫泉

位置：臺北市北投區
TW67 X:302540 Y:2782070
抵達難易度：易
型態：已開發
溫泉區泉質：酸性硫酸鹽泉
pH 值：2.5
溫度：攝氏 87 度

礦溪嶺溫泉露頭區面積約 42.65 公頃，位處北投區行義路 402 巷附近。大約在 30 年多年前，附近的居民或外來投資者趁著新北投一帶溫泉產業因政府禁止色情服務而中落之際，在此興建土雞城、土雞山莊、溫泉山莊等，廣招遊客。生意好時，從華燈初上，直至午夜過後，往往都是高朋滿座。這幾年，有更多的溫泉業者在此投資。業者以經營泡湯及餐飲為主，並附有唱歌、水療、泡茶、咖啡、三溫暖、按摩等服務。因為臨近石牌、天母，自然成為臺北都會區假日熱門的休閒去處。

早期本區溫泉業者自行接引河川上游冷泉水直接貫入溫泉露頭，調配成溫泉水後，再沿著南礦溪兩岸設置管線，輸送至各業者的儲水槽中儲存。由於缺乏統一的調度規劃，這些私接的管線不僅數量繁多凌亂，而且隨意排放的溫泉廢水也造成溪水污染，在在使得本區的自然資源無法充份利用，環境同樣不忍卒睹。98 年度「臺北市政府產業發展局」首創以管溝結合景觀步道整頓久為市民詬病的零亂溫泉管線，頗受業界及市民的好評。

礦溪嶺步道。木製的棧道同時也可用來遮蔽下方輸送溫泉的管線

由紗帽路向西眺望雙重溪龍鳳谷及遠方的觀音山

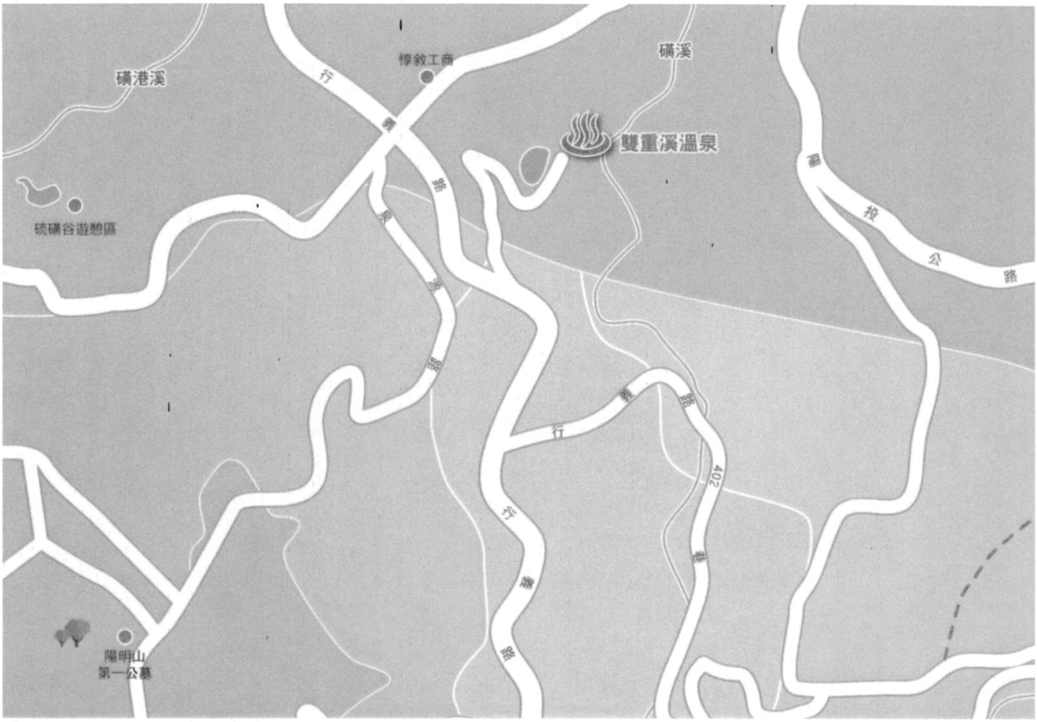

雙重溪內湯屋土雞城林立的礦溪嶺

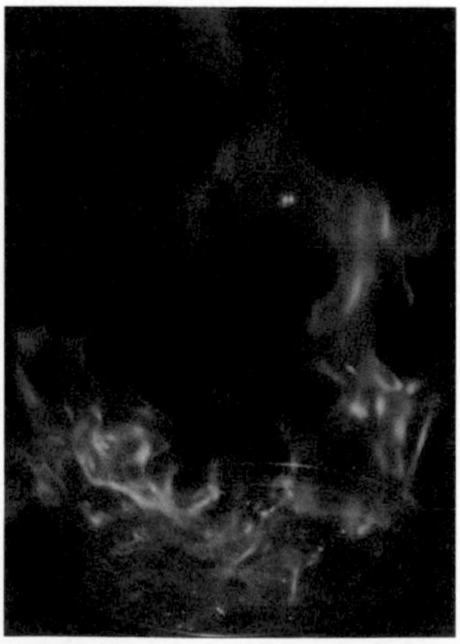

點火去除酒精而留下酒香的燒酒雞是
土雞城裏的一道名菜

雙重溪自鑽井內向上噴濺的熱蒸氣

 **欄杆橋**

地址：臺北市中山北路七段 219 巷底

　「欄杆橋」位於南磺溪上，是座建於日據時期的石
造拱形舊橋。會被稱為「欄杆橋」是因舊時橋的
兩側設有扶欄之故。這橋當年擔起串連半嶺以及天
母間往來的重責，現在交通功能則由翠峰橋取代。
雖然翠峰橋歷經多次的拓寬工程（最近一次是民國
九十八年），所幸老石橋依舊一直被保留下來。

04 小油坑

近距離感受後火山作用的嘶吼

小油坑是一處以「後火山作用」硫氣孔、溫泉以及壯觀崩塌地形為特色的觀光景點，也是陽明山國家公園範圍內較有規劃並正式開放的硫氣孔區。這裏設有遊客中心，提供了詳盡的解說資料。國家公園範圍中其餘的硫氣孔區，由南自北，像是硫磺谷、雙重溪、中山樓、馬槽、大油坑及八煙等等，則都沒有正式開放，頂多就是讓民間或是業者引用溫泉水。

記得在國小五升六年級的暑假，我參加了學校舉辦的地科營，課程所安排的戶外教學便是帶我們到小油坑。老師當時解說了些什麼內容，小小的腦袋瓜哪裏記得住，倒是沿途的景色還印象深刻。那時還未打通車行的柏油路，要到小油坑，得從陽金公路上轉進一條鋪著碎石，兩邊皆是箭竹林的小路。到了主要的冒氣區可以見到整齊清楚的駁坎，老師提到這裏原本是開採硫黃的礦區，所以才有些人工開發的痕跡。想想，在沒有任何圍欄或是隔離設施，兩三個老師帶著一群小學生到四處冒著燙人蒸氣的不毛之地，還真是危險呢！時空換成現在，應該是沒老師肯做這種事了。

小油坑舊稱「磺窟」，因噴氣孔周邊自然凝結許多鮮黃晶瑩的硫黃結晶之故。在清代以前原住民與漢人就已在此開採硫黃，因為硫黃為重要的民生與工業原料。到了日據時期，這裏同樣屬於大屯火山地區 8 大採硫地之一。昔日開採的方式其一是將硫氣孔噴出的氣體導引進由鑄鐵製的冷凝管，再將冷凝出的棕紅色液態硫黃舀入方型容器中，最後冷卻後成硫黃塊。另一種方式則為挖掘硫氣孔附近的磺土，將之置於灶上加熱後，融點較低的硫黃便會融化而與其他保持固態的土壤礦物分離。另外，此處挖掘的白土過往亦是北投陶瓷工廠燒造作品的重要原料，而溫泉也被引至竹子湖社區供民眾泡湯使用。

小油坑地底下太熱了，平常遊客在觀景臺都僅僅見到伴隨轟隆聲響、噴射得老遠的白色蒸氣柱，壓根不會看到汩汩泛流的溫泉。唯有在大雨過後，滲入地下的水量在短時間內

小油坑扶搖直上的熱蒸氣

大幅增加，地底熱源一時不足以將所有的冷水全轉換為蒸氣，才會有較多的溫泉水湧出。有年朋友打電話向我説他和竹子湖的一位里長約好了要去看小油坑的溫泉水源，約我一道去，我這才有機會跨過圍欄，再次進到小油坑裏瞧瞧。也是里長説明，我才知道原來小油坑的溫泉湧水量一直很不穩定，都是下過雨後公共浴室才有溫泉可以使用。

當然，國家公園在觀景平臺設立圍欄是自有道理的。除了噴氣孔的蒸氣滾燙容易傷人之外，整個呈碗狀凹坑外型的小油坑也是因山壁受硫氣侵蝕後常年坍坊而逐漸成形的。因此還是遵守規定，待在觀景臺欣賞硫氣孔景觀會比較安全。

除了小油坑本身，在這裡的觀景平臺還可遠眺大屯山、小觀音山與竹子山等火山體。喜歡觀察植物的遊客，也不妨挑條附近的步道漫步，觀察箭竹林、芒草原與各式各樣的蕨類植物。大約 10 年前，陽明山上的箭竹大量開花，進而枯死，據説是六、七十年來未曾見過的景象，當時報紙還渲染成是浩劫…可箭竹才沒那麼柔弱，轉眼間，新植株又重新長滿山頭，壓根找不到曾經大片枯萎的痕跡了！

除了箭竹，這裏也分布有大片的芒草。三百年前康熙年間來臺的郁永河在描述前往大屯山區採硫景況的「神海紀遊」一文中寫下了一首五言詩：「造化鍾奇構，崇崗湧沸泉。怒雷翻地軸，毒霧撼崖巔。碧澗松長槁，丹山草欲燃。蓬瀛遙在望，煮石逅神仙。五月行人少，西陲有大山。孰知泉沸處，遂使旅行難。落粉銷危石，流黃漬篆斑。轟聲傳十里，不是響潺湲。」其中的「丹山草欲燃」一句，正是形容整片紅色芒花搖曳山頭的景致。每到初秋，小油坑滿山新抽的芒花果真紅艷鮮妍，也難怪當初郁永河會寫下這樣形象，讓人一讀難忘的句子。

丹山草欲燃

位置：臺北市北投區
TW67 X:304381 Y:2785533

抵達難易度：易
型態：已開發溫泉區
溫泉區泉質：酸性硫酸鹽泉
pH 值：2.4
溫度：攝氏 72 度

1 1. 大雨過後小油坑才有豐沛的溫泉
    水可供使用
2 2. 小油坑裏剛崩落，露出磚紅色新
    鮮裂面的碎石堆

在小油坑上方步道向北可以眺望大屯山、小觀音山、竹子山、金山三角洲及磺嘴山（左至右）

自遊客中心前的觀景臺前望小油坑

採硫駁坎遺跡

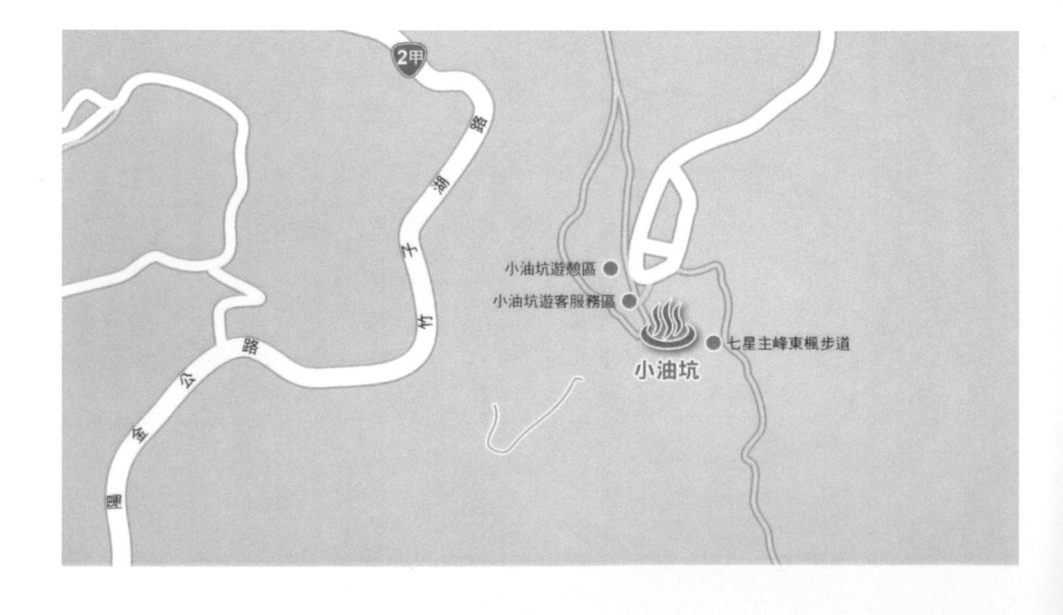

積水盈尺清波盪漾的七星池

七星池

七星池又名鴨池，也有人稱之為茵茵谷，約位在七星山北麓海拔 890 公尺處。
七星池可分為階梯狀的上、中、下三池，常為乾涸無水狀態，除非在連日豪大
雨或颱風過後，才有機會出現清波盪漾的美景。由於其地理位置隱密，國家公
園又沒打算開放，欠缺正式步道可通抵，所以知道的人比較少。其實，平常乾
季到這也能欣賞滿地綠盈盈的土馬鬃，可算是一處人煙罕至的仙境。

05 後山

硫酸鹽泉也能有呵護膚質的中性 pH 值

七星山的南面朝向臺北，因直接面對都市，常被稱為前山。這兒有座沿革自日人山本信義創建於 1923 年私家「羽衣園」的「前山公園」。每到初春 3 月，絡繹不絕的遊客即便是得忍受塞車不便，也還是興致勃勃地排隊上山到這裏共襄似錦的花季盛舉。相對而言，七星山的北面則屬「後山」，從這裏湧出的溫泉便被命名為「後山溫泉」。又因此處溫泉位處於鹿角坑溪畔，有些人也以「鹿角坑溫泉」稱之。

鹿角坑溪與馬槽溪同屬於北磺溪的上游主要支流。站在小油坑附近的陽金公路往北方俯視，面前林相翠綠間深陷的凹谷正是由鹿角坑溪侵蝕切割而成，而溫泉就隱身其中。這條呈線形的凹陷谷地在身後更直直地切過七星山西麓，往南一直延伸到新北投的地熱谷。如此筆直的一線沿途分布大大小小的噴氣孔與溫泉，算得上是北臺灣溫泉重地。

陽明山國家公園內共有三處生態保護區，分別是：鹿角坑生態保護區、磺嘴山生態保護區與夢幻湖生態保護區。依規定，進入生態保護區應該向國家公園管理處提出申請，未經許可者是禁止進入的。而位於鹿角坑生態保護區內的後山溫泉因此便無法進行觀光開發，當然也未開闢步道。在缺乏明顯入口的情形下，想要拜訪她其實有些難度。附近倒是有片獨立農家的海芋田，春季常有遊客車行路過時被點點白花美景吸引而下田採摘，享受田園之樂。

若是順利找著入口，通往溫泉的下切路徑則還算清晰易循。要特別注意的是，由於僅僅是偶經遊人踩踏成形的土路，不像特別規劃的步道有整齊石塊舖面，加上坡度又陡，有些段落坡面幾達六、七十度，下過雨後溼滑無比，若不結繩而下，一不留神往往會失足跌跤。若是扭傷，那就麻煩了。又因為人煙罕至，植生茂密且有溫暖的溫泉環境，蛇類出沒的頻率也就多了。雖說在適合泡湯的輕寒春季間論理冷血動物較不容易現蹤，我仍在路上及溫泉邊都曾撞見嘶嘶吐著蛇信的赤尾青竹絲身影。

後山溫泉在鹿角坑溪的兩側皆有分布。有的溫度不高，大約攝氏 30 度，即便水量豐沛，自岩壁上以短瀑的型態湧流而下，可惜下手摸著僅是微溫，無法使用。有的則剛好是最適宜長泡的 40 度，池底還源源不絕冒湧著密集氣泡。將背輕輕倚靠著源頭躺下，享受全天然的頂級 SPA 按摩，感覺真是舒暢愉快。

後山溫泉的泉質比較特殊。一般在大屯火山區內湧出的硫磺溫泉都屬酸性，酸鹼值可能低到 2、3 之間，若是身上微有刮傷，浸泡時會有明顯的刺痛感。這裏的溫泉雖然同樣具有火山溫泉該具有的濃厚的臭雞蛋味（硫化氫氣體味道，沾染於衣物上往往要重覆洗滌幾次才會轉淡），泉色也泛白微青，其酸鹼值卻是呈中性，溫和不刺激，淋在皮膚上觸感滑順。喜歡泡那種帶著硫化氫氣味的溫泉又不想太傷害膚質的，後山溫泉真算是最好的選擇了。

下切溫泉的路徑陡峭滑溜，行走需多加留神

後山溫泉一帶植被繁茂，環境又較為溫暖，蛇類出沒頻繁

位置：臺北市北投區
TW67 X:304924 Y:2786472
抵達難易度：中
型態：野溪溫泉
溫泉區泉質：中性硫酸鹽泉
pH 值：7.6
溫度：攝氏 56 度

入園申請資訊如下：

陽明山國家公園
http://eip.ymsnp.gov.tw/apply/apply1/

1	2
3	
4	

1. 一旁火山碎屑崖壁上也有滲流的小股溫泉

2.3. 溫泉池底有白色的硫化物沉澱並冒湧氣泡

4. 自陽金公路朝北望向後山溫泉所在的鹿角坑溪谷地

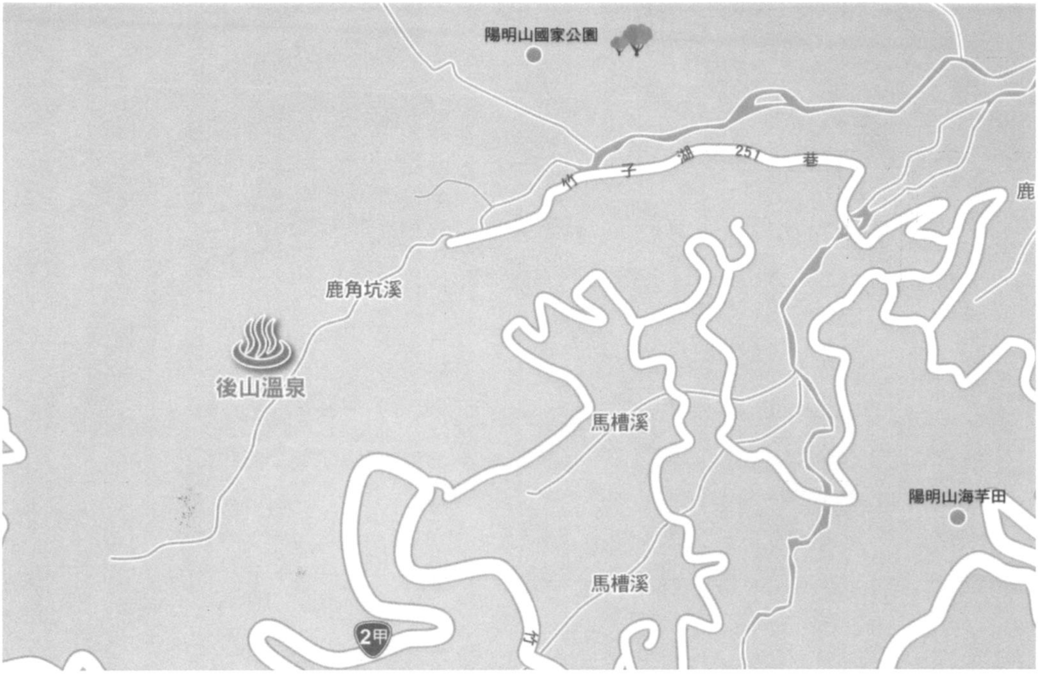

地圖上標示：陽明山國家公園、竹子湖 257 巷、鹿角坑溪、後山溫泉、馬槽溪、陽明山海芋田、馬槽溪、2甲

註：此處無正式道路，請查好資料再出發

許顏橋

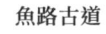

魚路古道

「魚路古道」又稱「金包里大路」，為陽明山國家公園最熱門的明星古道。目前經國家公園調查整理的魚路古道北起金山八煙「綠峰山莊」，南至陽明山山仔后菁山路 101 巷的「菁山小鎮」。若以擎天崗的金包里城門為界，以北為「魚路古道北段」，以南則屬「魚路古道南段」。古道沿途風景多樣，植生茂密，又能見到前人生活建築遺跡，是假日健行的好標地。

06 八煙

即便是頂級湯屋也只能俯首稱臣

在全臺眾多的野溪溫泉當中，八煙的湯池算是穩定性極高，多年來變化不大，同時也最具規模。加上這裏離大臺北都會區不遠，因而慕名前往的湯客總是絡繹於途，更常有外籍人士特別前往體驗所謂的臺灣野湯。尤其是例假日，從太陽才微微露臉的黎明，一直到伸手已不見五指的漆黑深夜，都可在此遇上自己帶著手電筒打光，怡然自得地沉浸在乳白色溫泉水中的同好，簡直是個不夜湯。

八煙舊名三重橋，是清代一直沿用到日據時期的地名。「八煙」則是光復之後，因著陽金公路開闢才產生的名字。該地距離金山大約是 8 公里。初闢陽金公路時，沿途地點皆以幾 K（公里數）來稱呼，加上這裏又有縷縷礦煙，因此結合 8K 與礦煙就出現了八煙這樣的地名。

八煙的溫泉是自一處長約 200 公尺，寬約 100 公尺的碗狀凹谷內四散湧出，夾雜著陣陣升騰白煙以及刺鼻的硫化氫霧氣，其實是一處頗具危險性的硫氣孔區。過去這裏也曾經是座生產天然硫黃的礦場，有條舊產業土石子路自陽金公路西側叉出，沿著北礦溪向北溯行通抵。不過因為距離較遠，路況不佳，沿途又全無綠蔭可供遮避烈日風雨，目前欲前往八煙溫泉的湯客因而大多會選擇先穿越八煙聚落，再取道沿硫氣孔區邊緣所舖設的石階小徑下切溪谷。這段路缺點是落差較大，膝蓋不佳的人走來辛苦，但需時僅約 25 分鐘，沿途景致也較為豐富多變。既能夠漫步於水聲潺潺的梯田圳道間，也可以居高臨下地眺望北礦溪，更能就近欣賞面目猙獰的硫氣孔，是假日健行的好選擇。

在長期的地熱薰蒸下，一旦長期乾燥不下雨，硫氣孔區附近的草木便容易乾枯。2015 年 6 月底這裏曾經發生森林火災，將整個谷地燒成焦黑一片，慘不忍睹。不過這樣倒讓人更能清楚地看到自岩縫湧出的一道道滾燙熱水在順著地勢逐漸匯集後，會先穿過一道小谷，然後才傾流至下方的野溪中。

在溪畔已經有諸多湯客們妥善利用溪床緩降地形及大大小小的安山岩塊仔細堆疊出的六、七窟湯池。有的石塊極大，單純以人力應該很難搬動。我想或許之前有人開小型挖土機進來這兒施工築池吧？這些湯池彼此相連，錯落有致，頗具日式風情，而且既然溫泉池子遠離硫氣孔區，泡湯的安全性自是提升不少，整體的環境十分宜人。

原本稍嫌過燙的溫泉先被順著邊坡導引至最上游，混合適量冷溪水後，再逐池泛流而下，緩慢降溫。如此一來，無論偏好哪種溫度，便都能挑到適合自己的湯池，且因大量的溫泉水源源不絕的豪氣汰換，池子都很乾淨，不致於有衛生疑慮。

在這兒泡湯，四周綠意盈眼，輕風徐徐，不時還傳來陣陣蟬鳴鳥叫。待浸泡至渾身發軟發熱，額頭冒滿細汗珠，一旁更有一道高約 3 米的瀑布能夠讓湯客站在瀑底就近沖涼，來個收斂肌膚的刺激三溫暖。說實在話，有哪一家溫泉湯屋或是旅館能提供如此奢華又天然的頂級泡湯享受呢？在八煙溫泉前，再高檔的湯屋也只能俯首稱臣了。

雖然八煙溫泉被來來往往的遊客們整理得頗具規模，然而陽明山國家公園管理處其實並未正式開放，偶爾甚至有警察前來開單。我想或許是怕高溫的硫氣孔容易使得任易亂闖的遊客燙傷吧？因此要來這邊泡湯要提高警覺，注意自身的安全，儘量待在溪邊的湯池就好，別因好奇而進入硫氣孔區。也盼望國家公園有天能好好將此地規劃開放。若能保留天然野溪溫泉的風味，又能兼顧安全及便利性，那就真是美事一樁。

位置：臺北市北投區
TW67 X:308502 Y:2787543
抵達難易度：易
型態：半開發溫泉區
溫泉區泉質：酸性硫酸鹽泉
pH 值：2.4
溫度：攝氏 62 度

八煙溫泉有由湯友們自動自發所整理出臺灣最具規模的野溪溫泉池

1	2
3	

1. 休憩石桌椅
2. 溫泉邊佈滿綠苔的石頭
3. 八煙聚落圳道

豪氣的大溫泉池裏蓄滿微帶青綠的白磺泉

以溝渠將豐沛的溫泉水引流入池

1. 自硫氣孔區逐漸匯流的滾燙溫泉水

2. 硫氣孔區設有火山土壤氣體監測站

3. 八煙溫泉硫黃結晶

溫泉池上方約 15 公尺即有一道秀麗可供沖涼的短瀑

戴斗笠遮陽的湯客

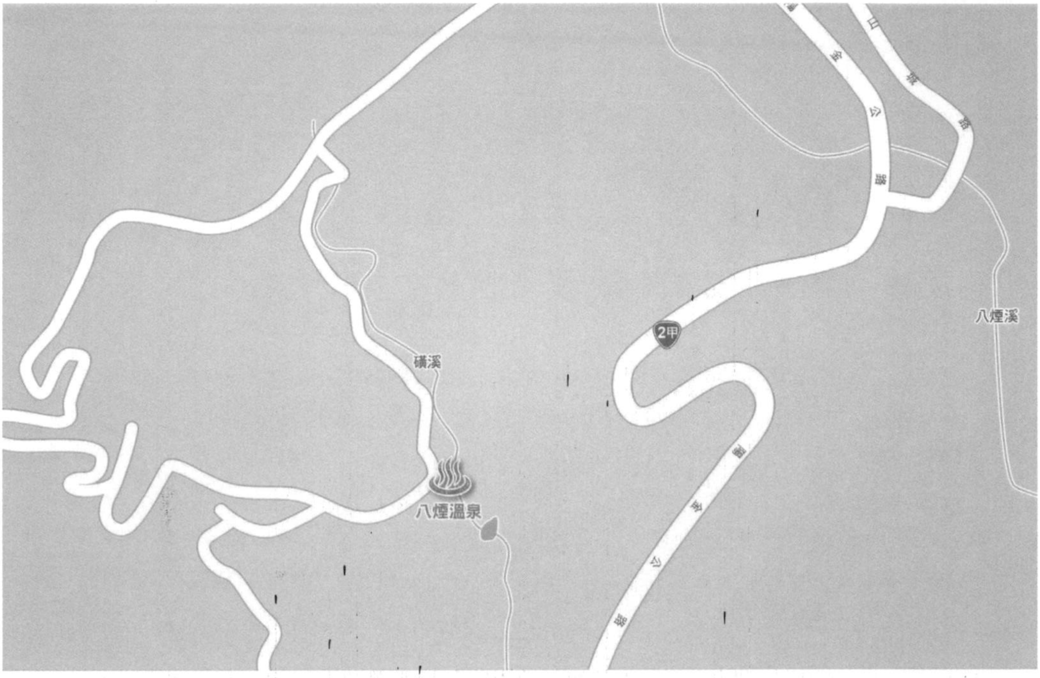

八煙聚落
交通方式：由仰德大道進入，經陽金公路往金山方向，約陽金公路 7.6K 處，即八煙聚落。

八煙聚落位於陽明山國家公園範圍內，像是個被現代文明遺忘了的世外桃源，坐落著幾戶以安山岩塊砌出美麗牆面的安穩農家，小心護住了臺灣早期的農業聚落模式。聚落南高北低，自南面八煙山引來的清冽泉水順應地形流動灌溉，使得聚落層層的水梯田因而水氣氤氳，有了鑲滾著墨綠土馬鬃的美麗圳道與埂徑。走在田埂上抬頭南望，八煙山就像幅橫亙的屏風，山上樹冠綠得或深或淺，組合出一片韻律合諧的畫面。保存完整的一片山林真是讓人看得心曠神怡啊！這讓我想起之前曾觀賞過的臺灣油畫家「葉子奇」作品。他能將臺灣如此林相維妙維肖地重現在大幅的畫布上，掛在牆上，就像是開了扇永遠看不膩的窗。

八煙聚落水梯田

07 金泉

海灘、老街、鴨肉與黃金之泉

提起金山，大家耳熟能詳，而且腦中可能就立即反射性浮現「老街、地瓜、鴨肉和溫泉」吧！的確，這些都是金山十分吸引人的特產，每年為當地招徠不少觀光人潮。

金山於西班牙與荷蘭治臺時期稱為大巴里，當時約住有凱達格蘭族原住民千人。清朝雍正末年，漳州人來到金山，於下中股〈現今金包里街〉開始建立起街肆。日據時期金山則被又稱為金包里。其實「大巴里」、「金包里」，應該都是照原住民對此地的發音「基巴里」音譯而來。

金山老街慈護宮後方的溫泉公園內有處「金泉溫泉」，屬於金山區第一個開發的溫泉。在 1900 年 1 月 11 日的「臺灣日日新報」內有一則發現金泉溫泉的消息。難道這溫泉之前都沒有，是這個時候才正式湧出的嗎？

由金山老街大廟（慈護宮）東側小路鑽進前行，通過一道跨越小溪的小橋，便來到金泉溫泉所在的「中山溫泉公園」。過去我也曾多次通過，但直到最近才發現原來這橋叫「溫泉橋」！雖然被整建得面目全非，但橋頭的小石牌仍保留下來。一面寫著「溫泉橋」，另一面則鑴上「昭和七年竣工」。昭和七年為1932 年，橋是溫泉已開發多年之後才修築的。查看文獻或是網路資料，大家對裕仁皇太子（後來的昭和天皇）來臺行啟這事蹟似乎總津津樂道。其實他是侵略世界，發動很多戰役，實行僅男子可以參與普選投票制度的日本天皇，似乎沒什麼好特別尊崇。

在溫泉公園一角有處公共浴室，每天上午 5 時至 9 時、下午 4 時至 8 時開放免費泡湯。原本這裏的公共溫泉設在中山堂的地下室，叫做溫泉育樂中心，設有男湯、女湯各一個大眾池，直到 2006 年才移至中山堂後側現址。據說此位置便是原本的舊館溫泉。

日據初期，臺灣總督府為強化衛生觀念，減緩臺灣傳染病的肆虐情況，故計畫以「公共衛生費」名義在各地開設「公共浴場」（包含溫泉浴場、海水浴場等）。又由於溫泉除了能直接利用外，更具一定保健效果，所以天然溫泉冒湧之處就被優先考量建立浴場。其中率先成立的是 1912 年（明治 45 年）由臺北廳花費13,000 日圓建設的「金包里溫泉公共浴場」，也就是金山耆老口中的舊館溫泉。

雖然地處大屯火山區旁，可是這裏的溫泉可是極適合長泡的中性之湯！這裏的溫泉水中含有大量鐵離子，當溫泉水曝露於空氣時，若 pH 值 4-5 在以上，原本溶於水的亞鐵離子便會逐漸氧化成為不溶於水的三價鐵離子（$Fe3+$），形成橙色或赤紅與暗褐色的沉澱物，故被稱為「金泉」。在公共溫泉浴室建築下方有一處溫泉湧水口，不時冒著氣泡，鐵質沉澱物便在這裏溢積成一個具體而微的金色小階地。可惜，由於被隱沒在架高的屋子下方，沒人注意重視。區公所若是有心，真得不妨特地為其造個景，遊客應該很樂意到此和鐵泉合影留念的。

另外，與公共浴室位在同條路上（溫泉路）還有一處當地婦女齊聚洗衣的小水渠，流著的可也是微溫的泉水哩！用溫泉水洗衣服，還真是頭一回聽過，真奢侈！不過，這裏立有告示標明因為此處溝渠會出沙，有地層下陷的危險，所以禁止在此洗衣。只是，如此洗了一輩子的老婆婆們根本不在意，仍然沿襲舊習，因此近來有關當局索性就用水泥予以封填。想到一處具有歷史感的小景點就此消失，實在殊為可惜！

位置：新北市金山區
TW67 X:313681 Y:2790722
抵達難易度：易
型態：開發溫泉區
溫泉區質：中性氯化泉
pH值：6.6
溫度：攝氏 57 度

金山公共浴場（臺北州）－翻拍自《臺灣的礦泉》（1930）

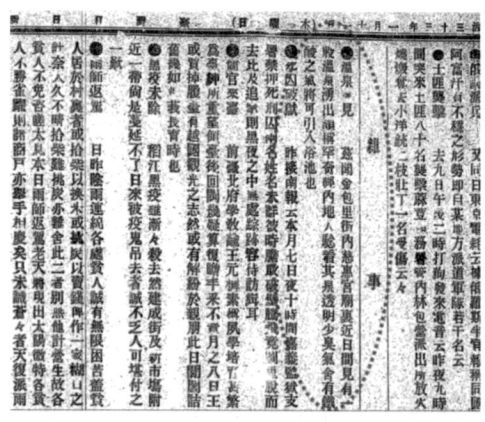

1900年1月11日的「臺灣日日新報」內有則發現金泉溫泉的報導

溫泉橋小石牌

溫泉路旁使用已久的溫泉洗衣窟。可惜因會出砂，基於安全考量近來被封填

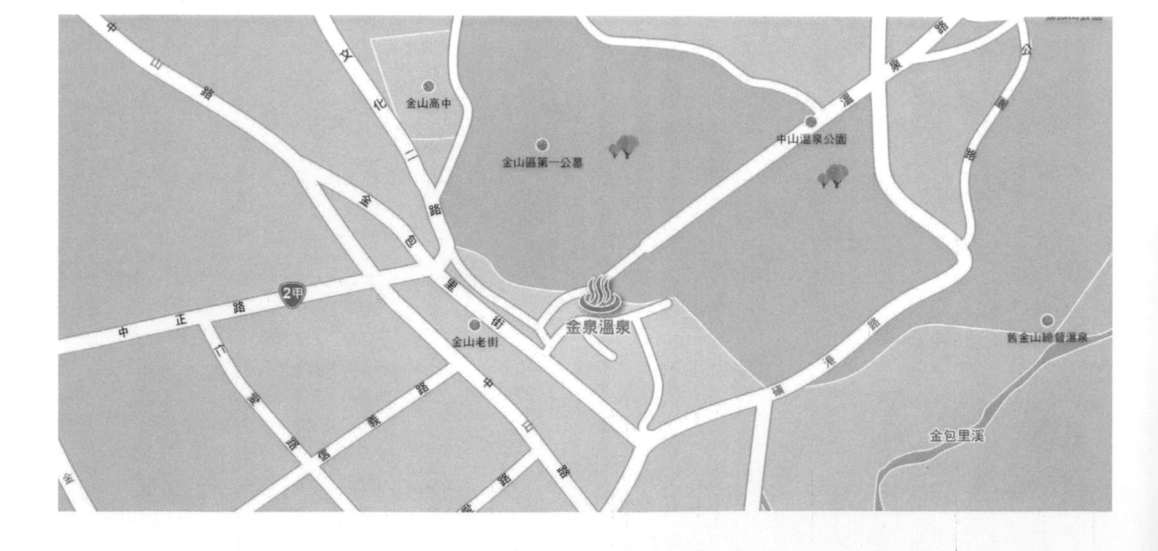

自溫泉水中沉澱而出的棕紅色鐵質物

神秘海岸

地址：新北市金山區水尾魚港

交通方式：交通方式：高速公路國道 3 號（基金交流道） ➡ 二號省道 ➡ 萬里 ➡ 金山（2 號
省道 42.5 公里處右轉） ➡ 中興路 ➡ 民生路 ➡ 水尾

在金山水尾漁港朝北往獅頭山的海岸，發育出許多精彩海蝕地形，包括了海蝕洞、海蝕
溝、豆腐岩及蜂窩岩等等，過去遊客不多，被稱為「神秘海岸」。在此除了聽濤吹風外，
還能眺望佇立海灣中的金山地標：燭臺雙嶼，景觀遼闊舒朗。若是到金山遊玩，除了泡
溫泉，逛老街吃鴨肉外，不妨再抽空到這兒走走。這一帶出露的岩層是沉積於 3000 至
2400 萬年前的「五指山層」（五指山層是因以在基隆五指山所發現的露頭最具代表性而
命名）。五指山層由灰白色的礫質石英顆粒膠結構成，表面粗糙，因此拜訪此地時衣著
防護措施要留意，儘量不要穿著短褲或拖鞋來此。若是大意滑跤，皮肉傷是免不了的。

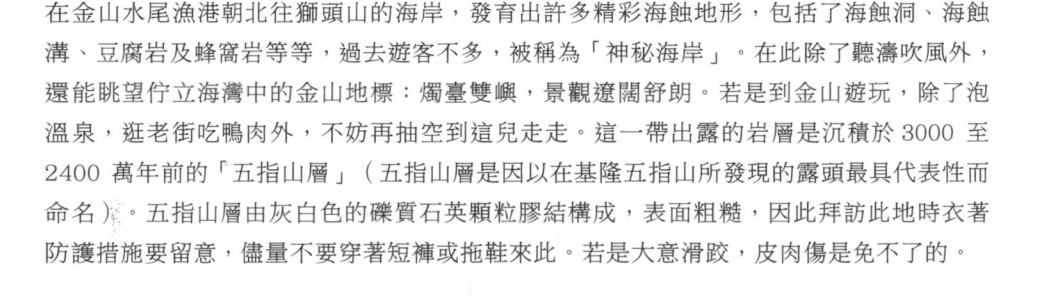

1. 鎮守在海灣外的燭臺雙嶼是金山的
   地標，遊子的鄉愁
2. 神秘海岸具有多樣的海蝕地形

08 礦山（煉子坪）

礦嘴山下硫煙起

礦山溫泉，也就是俗稱的煉子坪溫泉，其溫泉湧量及噴氣孔的規模可算是整個大屯火山區內最壯觀的。只要稍稍地導引溫泉水流，創造出溫泉溪及溫泉小湖（類似地熱谷的溫泉蓄水池，既可賞景，又兼降溫功能以備直接泡湯使用），肯定能成為臺北郊區又一處吸引眾人目光的景點，進一步帶動金山、萬里一帶的觀光人潮。

其實這兒的美景很早前就已經被羅列在金山八景之中，題為「礦嘴吼煙」。礦山溫泉位處礦嘴山北坡，雖離金山市區較近，但地屬萬里區。馬偕博士在他的《臺灣遙寄（From Far Formosa）》提及：「但最大的溫泉，即位在由高達 5650 呎的火山頂通往海邊金包里的途中。這溫泉所發出的嚇嚇聲和咆哮聲宛似油在巨鍋中沸騰，並發出猛烈的火焰。來自海外的船長們常誤認為這山是座活火山。」

5650 呎約等於 1722 公尺，是大屯火山區內最頂峰七星山的高度。但光由此資訊，無法推知他所指的「最大的溫泉」是位於擎天崗下方的 " 大油坑溫泉 " 還是「礦山溫泉」？記述中提到「並發出猛烈的火焰」，似乎也言過其實。不過，離金包里比較近的是礦山溫泉。想來空氣澄淨之時，從基隆出海往北航行的船長們，能見到的白煙竄升景像，也只能是礦山溫泉。

日人小笠原美津雄 1935 年所發表的《硫磺礦床調查報告》中開始有使用「煙洞」蒐集噴氣口硫黃的記載。文中記述煙洞的構造係以石板築成隧道狀之收集管，利用斜坡地勢之便，引導硫滴匯聚。在收集噴氣孔硫黃的幾種方法中，煙洞算是成功的範例。現今在礦山溫泉所遺留的採硫設施，應該就是煙洞。

有一年帶朋友來這裏，大夥圍聚在一處湧泉口四周觀察，我還特別提醒大家別站得太靠近，哪知看似堅實的地面，原來早被源源流動的溫泉淘空了，禁不起眾人連番踩踏，就這麼出其不意破了個大洞，整個陷落，有三位朋友當場雙腳

陷到了沸騰的水流中，哇哇大叫。當時我真是嚇得心整個快跳了出來，下意識跨過去想將他們拉起。哪知我握著一位的手，才剛使力，自己腳下的那片土竟隨著垮下去，自己同樣下了水。

僥倖我那時下車因為怕髒，特地換穿高筒雨鞋，隔著一層空氣，可以感受水燙是極燙的，但僅腳背貼著塑膠的皮膚受了點輕傷，其餘處並無大礙。可那三位朋友就沒那麼幸運了，熱水全滲入了布鞋中。其中的一位男生，襪子脫掉後發現竟然腳踝小腿的皮都快燙掉，他痛得縮成一團，壓根無法走路，只是臉上還直做鎮定，連連地說還好。那時我也不知哪生出的氣力，連忙背著他，半走半跑地，穿過茂密的芒草土石小徑，花了 10 分鐘趕回車邊，再開到金山醫院急診室。另一位朋友還沿路跟著，不時拿著礦泉水淋他的腳以減輕疼痛。而另外兩位受傷的人，傷勢較輕，則由人攙扶著，隨後趕到。更令人感到可怖的是在後頭。當花了一個多小時急救處理完，回到臺北後，其中兩位同學，晚上就又各自進了醫院，一位還住院兩星期。後來才知道，那溫泉是強酸性的，即便久經乾淨的冷水淋洗，留在傷口內的酸水還是繼續腐蝕肌肉，造成更嚴重的傷害。幸虧那些朋友本身就都是護士出身，臨危並不亂，頗能正確沉著地應付自身的傷痛，所以後來一切恢復正常，還能把這件事當成笑話講，沒有怪我的意思。只是一回想這件事，我心裏還是很過意不去。

反過來說，這種安全無法百分百周延的景點，也才是更具吸引力的所在。具有獨特性，稀少性及可觀性。日本類似的地質景觀，像登別溫泉，就架有步道讓遊客參觀，沿著溫泉溪也設置泡腳區塊，讓湯客們盡興。若礦山溫泉這能在外圍遠離溫泉噴氣口十來公尺處設好圍欄，仿照小油坑的設計，別讓遊客接近真正高溫的地帶，一定會成為金山除了鴨肉、海水浴場及金寶山外，一個真正具有國際吸引力的景點。

礦山溫泉

位置：新北市萬里區
TW67 X:310949 Y:2786811

抵達難易度：易

型態：半開發溫泉區

溫泉區泉質：酸性硫酸鹽泉

pH 值：2.0

溫度：攝氏 85 度

1	2
	3
4	5

1. 礦山溫泉水量豐沛，湧泉處處

2. 硫氣孔四周剛剛凝結而成的新鮮鮮黃的硫黃

3. 礦山溫泉可算擁有大屯火山區內最大的硫氣孔群

4. 原本湧出時清透的溫泉，靜置一段時間之後在日
   頭下轉成寶藍色調

5. 位於礦山溫泉最大硫氣孔下方的殘存煙洞設施

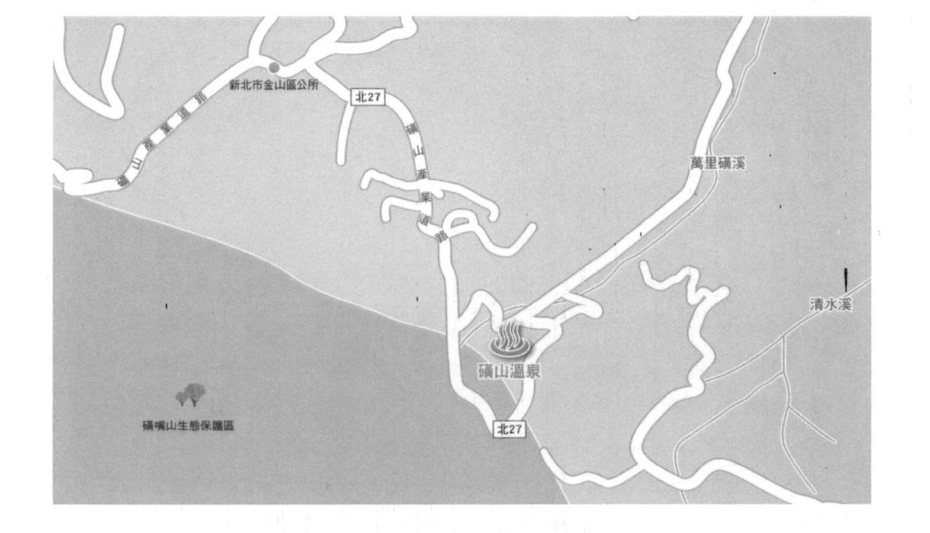

朱銘美術館

地址：新北市金山區西勢湖 2 號

交通方式：於北二高（即國道 3 號）基金交流道萬里出口
下，並依指標往金山、萬里方向，再依美術館
指標行駛。

朱銘美術館由藝術家朱銘成立於 1999 年，是臺灣
最大的戶外美術館。朱銘本來是使用原址放置大型
雕塑作品，後來作品漸多，他乃萌生創建美術館的
念頭。整座美術館的設計及建造共耗費 12 年。朱
銘美術館打造了一個親近藝術的環境，讓參觀者不
僅能徜徉在藝術世界中，更能藉由各種兒童展覽、
行銷活動等管道，欣賞到藝術平易近人的一面。園
區之內花木扶疏、綠草如茵，空間感十足，相當適
合一家大小同行，育教於樂

09 烏來

享受野溪溫泉何必踏破鐵鞋

做為一處鄰近都會區卻充滿渡假氛圍的泡湯賞櫻景點,「烏來」是臺北人再熟悉不過的所在了。來到這裏放眼四周望去,山巒疊翠,溪流潺湲,剛剛還因繁華喧囂而煩燥的情緒,隨著迂迴山路繞過幾轉,風清景綠,心情也就怡然靜定下來。烏來是一個屬於泰雅部落的美麗山中小鎮。在泰雅族原住民語中,烏來(ulay)即是熱水溫泉的意思。接近 80 度的燙手溫泉湧自於南勢溪與桶後溪的交匯口一帶,可以想見約三百年前泰雅獵人初發現這處蒸煙騰升之地的歡欣雀躍之情。

雖說臺北周遭不乏像是陽明山,北投和金山等遊客如織的溫泉遊憩區,但只有南面位於雪山山脈間的烏來擁有屬於無色無味的中性碳酸氫鈉泉,浸泡其中撫觸自己的肌膚會有種特別的滑溜感,也就是所謂的美人湯。而臺北其餘的溫泉則都位於北側的大屯火山範圍內,泉質多少受到湧升自地下深處的火山流體影響,硫酸根離子濃度高,偏向酸性,水色白濁。

烏來溫泉在日據時期即已開發,當時設有電力公司招待所警察俱樂部及臺北州政府招待所,然而這款精緻建築只有日本人能使用,原住民想泡湯僅能到搭建於南勢溪對岸蕃界內的兩間公共浴池,明顯有不當的階級之分(臺灣北部地區溫泉規劃-臺灣溫泉旅遊之分析與政策擬議,1988。夏鑄九)。光復後,烏來溫泉旅遊漸次發展,近十餘年來一家家不同風格設計走向的湯屋旅館更如雨後春筍,選擇多得讓人目不暇給。不論是想找五星級的頂級享受,亦或是平價湯屋,都不會讓人失望。

或許你會認為已歷經如此高強度開發的溫泉區理應不會有免費的溫泉池可泡,更找不到自然湧出的泉源了吧?其實恰恰相反。烏來溫泉地下泉量豐富,即便政府鑽鑿了公共溫泉井,大量地引水供給旅宿湯屋業者,另有不少店家也仍私抽暗用,在南勢溪上卻依然不乏自湧的溫泉源頭。一些識途湯客就喜歡自備簡單泡湯用具,到此享受浸浴於大自然中,天地合一的樂趣。

光復初期的烏來溫泉還保有很多日式的質樸建築，別有風情

烏來溫泉區靠著南勢溪兩側延展

主要的自然湧泉可分兩處：一在攬勝大橋下游約 200 公尺處，自公路旁有小徑階梯可通往湯客自行整理出的免費露天浴池區。另一處則在攬勝大橋上游約 150 公尺處，熱水直接自溪畔大小石頭間湧出。只要稍稍勞動筋骨，自己攔水築堤，一池熱乎乎，原汁原味的暖湯，就任你無料泡到盡興，真可算是臺灣可及性最高的野溪溫泉了！

露天溫泉池一旁南勢溪清澈見底，不少膽大的人就愛在泡完溫泉之後跳進冷水裏游泳，來個冷熱交替的自然三溫暖。只是烏來這邊常常有溺水意外的新聞傳出，奉勸大家還是在冬天乾季的時候到溪邊泡泡湯就好，可別隨性往潭水裏去。此外，這邊是水源地的上游，嚴格說來實在是不應該有人為污染。我個人是覺得泡泡熱水還說得過去，就儘量別大量使用肥皂等清潔用品了。我自己每次來到這邊都只是四處晃晃瞧瞧，沒有真的下水過。畢竟烏來人來人往，赤身露體地仰躺在那任人目光掃射，總是覺得怪。

烏來商店街上有許多標榜以溫泉入料的美食，同時兼賣紀念品，是遊人奠祭五臟廟的最佳選擇。而為了展示保存泰雅文化，街上也有棟新北市政府設立的「泰雅民族博物館」，館內詳細介紹了泰雅族原住民的生活傳統與習俗，歷史文物展示亦精彩豐富，推薦預留時間去逛逛。

1 2　1. 南勢溪攬勝大橋下游處的自湧溫泉泉源之一
　　　2. 攬勝大橋下游處民眾自發性整理的露天溫泉
　　　　 池顯得有些雜亂

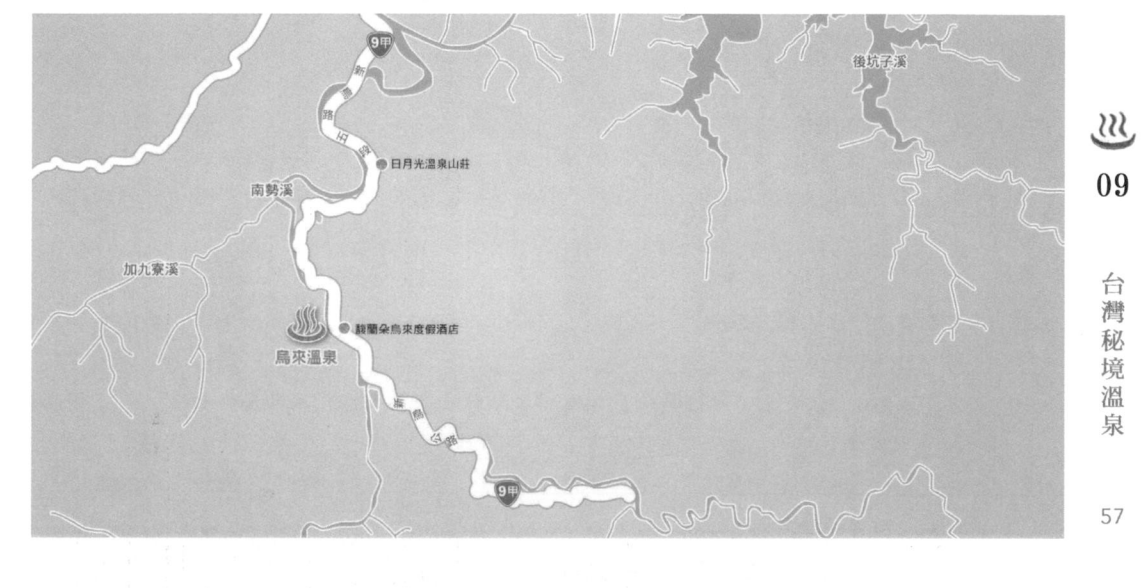

南勢溪旁自然湧出的溫泉水

烏來瀑布
地址：新北市烏來區瀑布路 34 號
交通方式：由國道 3 號下新店交流道後左轉中興路二段至一段底，再左轉省道台 9 線北宜路一段，
　　　　　至省道台 9 甲線新烏路右轉後直行，於烏來觀光大橋右轉，經北 107-1 線環山路往瀑布
　　　　　方向即可到達。也可在烏來攬勝橋底乘坐小臺車前往。

烏來瀑布位於新北市烏來區，為烏來溪匯入南勢溪所形成，是烏來的著名玩賞景點，也是北臺灣最具規模、落差最大的瀑布。烏來瀑布於日據時代起就有「雲來之瀧」的美名，瀑布落差約 80 公尺，屬差異侵蝕所形成之懸谷式瀑布（主流南勢溪水量較大，因此溪床下切較快、較深，而烏來溪水量較小，下切岩層的力量也因而較弱，所以相對南勢溪而言，河床還停留在高處）。此處建有空中纜車通往瀑布上方的雲仙樂園，於纜車上可一覽烏來瀑布全景。

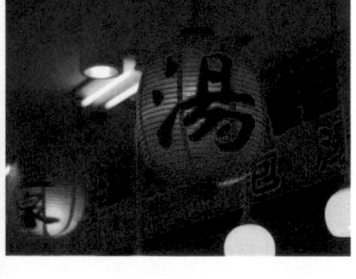

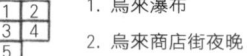

1	2
3	4
5	

1. 烏來瀑布

2. 烏來商店街夜晚

3. 泰雅傳統民居模型

4. 烏來溫泉燈籠店招

5. 由烏來溫泉區往返
　　瀑布區的烏來臺車

10 嘎拉賀

部落後花園裏的私房浴場

「嘎拉賀」是遠離北橫主線的一處山間泰雅小部落，車行過巴陵橋後約 500 公尺（北橫公路 46.6K），就要留心選擇往右叉的狹窄爺亨道路，行約 1 公里，再於爺亨部落入口前左轉進入光華道路。進入部落前可見頂端立著水鹿的鮮明迎賓圖騰柱。不知這邊是不是真能見到昂起雄糾糾大角悠哉漫行的水鹿？近來動物保育的意識普及，山上的野生動物生態活動已漸趨好轉。

「嘎拉賀」一度被改稱為「新興」部落，很漢民族本位。後來恢復舊名，部落下的溫泉同樣也又被叫回「嘎拉賀溫泉」，再也不是「新興溫泉」了。部落很小，沒幾戶人家，倒是有間雜貨店，也提供簡單的飲食。這裏夏季出產水蜜桃，冬季則有甜柿，上方的「把加灣山」還有嘎拉賀神木群，要不是我時間把握不當，真想再邁步去瞧瞧。

車子可以停在部落裏的停車場，聽說有時會收費，一輛車 100 元。畢竟這裏是屬於私人的產業。有回停車時有位年輕原住民剛好騎車經過，本以為是來向我收錢的。我點點頭，給他一個微笑，他睜著晶亮的大眼回了禮，也就離開了。

從停車處到溫泉的路徑維護得十分清楚，就叫「溫泉古道」，單趟約需 40 分鐘。古道一路陡下，前半段是水泥產業道路（坡度真得很大又是連續的髮夾彎，即便是四輪傳動休旅車，最好也不要冒然搶進），後半更是讓人會腿軟的連續階梯。也難怪在階梯啟端的涼亭柱上掛著牌子註明叫車專線，想來有很多遊客爬完階梯後就不想再勞煩雙腳了。這既漫長，跨距設計又讓人腳步彷彿帶著窒礙的樓梯，下坡還能接受，只是返程之際可能就會讓你徹底明瞭「無窮無盡」這個成語的真諦，也只能安慰自己一定是剛剛泡湯太舒服才會軟腳了。

而別讓自己因太累而生氣的方法，就是安步當車。下切溪谷的步道蔭溼，階梯邊緣長滿各式翠綠欲滴的蕨類和苔蘚，是做植物生態觀察的好所在。不論是春、夏、秋、冬，在溫泉古道兩側，只要你肯多花時間蹲低身子觀察，肯定會有很多繽紛的美麗收獲！

下切至三光溪溪谷後，再沿著崖壁朝下游走約 100 公尺，就能見到溪流對岸出現一道白練，還有一蓬蓬冉冉升起的霧氣，溫泉就在那了！偶爾部落居民會熱心地架起渡溪的簡易竹橋，然而大部份時候，其實得要靠自己小心涉渡。

大多數時候，溫泉池會被圈圍在瀑布正下方。瀑布主要水源是自山腰流下的冷澗，但因夾雜了石壁湧出的熱泉，所以沖淋在身上感覺是微溫的，背倚的石頭上則漫流一層溫泉，真是讓人舒服讚嘆的天然 SPA，即使是寒流來襲的冬日也能舒適地享受這處天然衝擊浴。若再特意將由一旁湧出攝氏約 60 度的溫泉順勢斜下引流注入池中，那麼絕佳的泡湯王座便完工了。如此豪邁的溫泉享浴，是不是很大器呢？

位置：桃園縣復興鄉
TW67 X:290780 Y:2725183
抵達難易度：中
型態：未開發溫泉區
泉質：弱鹼性碳酸氫鈉泉
pH 值：8.3
溫度：攝氏 57 度

1	2
3	4

1. 見到水鹿圖騰柱，嘎拉賀部落也就在前方了

2. 部落裏活潑熱情的泰雅族小朋友向我分享糖果

3. 自部落至溫泉的「溫泉古道」十分陡峭

4. 部落居民有時以竹木搭成簡易渡溪便橋

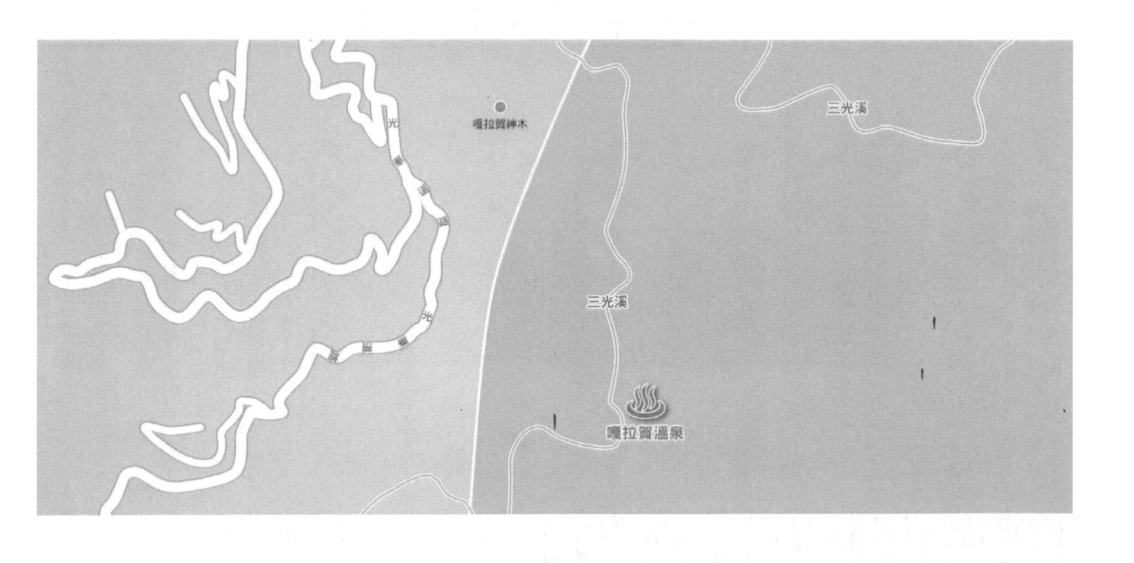

| 1 | 2 |

1. 嘎拉賀溫泉
2. 溫泉稍上游處的三光溪谷

上巴陵

地址：桃園縣復興鄉華陵村

交通方式：大溪交流道下 ➡ 省道七號 ➡ 慈湖 ➡ 復興 ➡ 巴陵 ➡ 下巴陵 ➡ 台七線 48.5 公里
處轉桃 116 往拉拉山風景區 ➡ 遊客服務中心 ➡ 上巴陵。

到上巴陵可以到觀景臺瞧瞧，那邊可以眺望三光溪溪谷，看看雲瀑及河曲地形，享受世外桃源般的原始清靜。上巴陵觀景臺位於上巴陵最熱鬧的商店街前，旁有復興鄉上巴陵派出所、停車場及整排的商店街。街上有多間餐廳及小商店供遊客採買及用餐。

三光溪河曲地形

11 四稜

溫泉灌頂，溫暖湧升

四稜溫泉是我拜訪野溪溫泉的處女行，對她，心中自然永遠窩著一份特殊情感。記得那時身邊基本野外活動裝備什麼都缺，肩負一般輕便背包，腳踩步鞋，連瓶水也沒帶，就這麼傻乎乎出發了。沿陡急的山路摸索下切，赤裸的手掌在拉繩時破了片皮，溼滑的樹根又讓腳踝硬生拐了一下。這麼顛簸難堪地撐了四十餘分鐘，不免開始犯嘀咕：這樣麻煩的溫泉，值得嗎？就在心生懷疑的那刻，身子隨斜踏的腳步旋個彎，一株盛開的紫紅緋寒櫻乍然出現眼前，艷麗絕倫，而一道水氣蒸騰的白練溫泉瀑布就匹掛於花叢枝枒間，轟隆作響。原來，四稜溫泉是這般模樣啊！當下我已知道，心中是永遠不會忘記她了。

四稜溫泉位處桃園縣復興鄉三光溪畔。三光溪為淡水河系，發源於明池附近。在四稜以上的三光溪地勢平緩，而從四稜到巴陵間則深深地嵌在峽谷中。這一帶碧水可不是容易親近的，溯溪愛好者常選此段做為訓練場所。也由於地形天險，所以四稜溫泉是一處尚未利用也極難開發的野溪溫泉。

當然，要拜訪四稜溫泉用不著真得大費周章採取溯溪方式，只要由北橫公路直接下切到三光溪就可以了。不過通往溫泉的小徑入口並不明顯，大約是在經過退輔會森林保育處大漢守衛站後不遠，北橫 59.4 公里處的水泥護欄旁，一般遊賞北橫的急馳車輛其實很難會發現。

要走這一段路登山杖是不可或缺的工具，畢竟山徑又滑又陡，著實不好走。一開頭三分之二的路還算平緩，過了一處可紮營的平坦林也後，接下來坡度往往就可達六、七十度以上，得靠手腳併用，拉著繩索小心翼翼下降。愈靠近谷底，轟隆的溪水聲愈大，最後一段完全是筆直的岩壁了，必須抓著粗繩索，像是在受傘訓似地下降到河邊狹窄的灘地。記得第一次到訪四稜溫泉遇上的是霏雨霏霏的日子，三光溪的水勢不小，連帶著三處溫泉瀑布湧泉量也大，迎著冷風不時騰冒起陣陣霧氣。這邊雖然是碳酸氫鈉泉，岩石上佈滿白色碳酸鈣沉澱物，硫化氫味道卻不時竄入鼻間。

四稜溫泉旁的瀑布

稍事休息後，我們便開始渡溪到對岸的溫泉池。溪水的沖擊力量蠻強的，每一
步都得小心地站穩。歷經波折，隨後將整個身子滑進溫泉池，暖腴的熱湯妥貼
潤澤著每寸肌膚。在料峭的春寒時節，伸手讓谷中微風細細拂過指間而絲毫不
感覺冷。對岸山櫻初開，偶爾穿雲而過的日頭點亮了那一樹艷紫。回頭闔眼，
轟轟三光溪水夾雜著溫泉瀑布的淅瀝聲，有股睡意，卻又被時時鳴囀的鳥啼點
醒。仰躺在這池熱水，溪谷裏竟什麼都是好的了。

山裏天暗得快，我們在池裏磨蹭了個把小時便啟程回家。只是同樣的山徑回程
更顯艱難，像是在登天梯似爬不完地爬著。到這種溫泉，泡完後的通體舒暢在
回程時又完全給耗盡了，泡了等於沒泡。話雖如此，這樣的美湯要我再來幾次，
可也是願意的呢！

位置：桃園縣復興鄉華稜村
TW67 X:293147 Y:2725998
抵達難易度：中
型態：未開發溫泉區
泉質：弱鹼性碳酸氫鈉泉
pH 值：8.5
溫度：攝氏 50 度

四稜

1. 位於北橫公路 58.4K 處
   的四稜溫泉入口
2. 通過 2/3 處有一處可供
   紮營的平坦林地

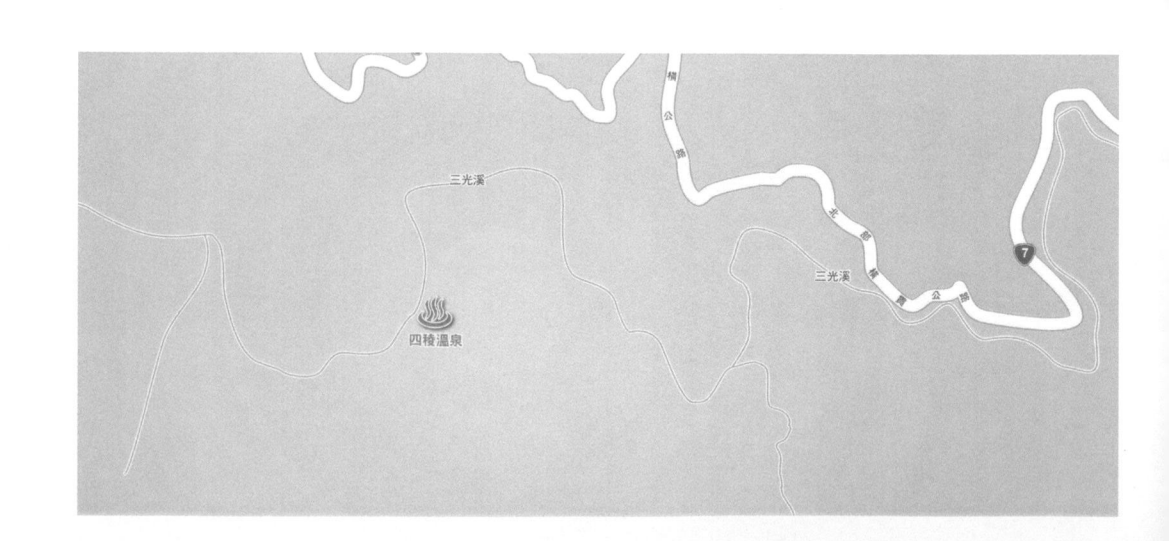

三光溪是溯溪愛好者經常選擇的訓練場所,而四稜溫泉是當中
最讓人期待的休息點

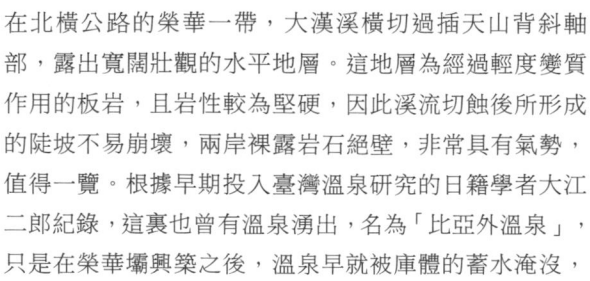
榮華壩看壯觀平緩的地層
地址:桃園縣復興鄉華陵村
交通方式:由北二高大溪交流道下,往大溪慈湖方向接北橫公
路,直行至巴陵段即可到達。

在北橫公路的榮華一帶,大漢溪橫切過插天山背斜軸
部,露出寬闊壯觀的水平地層。這地層為經過輕度變質
作用的板岩,且岩性較為堅硬,因此溪流切蝕後所形成
的陡坡不易崩壞,兩岸裸露岩石絕壁,非常具有氣勢,
值得一覽。根據早期投入臺灣溫泉研究的日籍學者大江
二郎紀錄,這裏也曾有溫泉湧出,名為「比亞外溫泉」,
只是在榮華壩興築之後,溫泉早就被庫體的蓄水淹沒,
現在更埋於淤積的大量土石之下。

壯觀平緩的岩層

12 秀巒、泰崗

秋高氣爽，楓紅湯暖

秀巒部落位於泰崗溪以及白石溪的匯流處，四周有石麻達山、錦屏山，西那吉山與玉峰山環繞，是新竹後山一處幽靜的世外桃源。部落一旁的溪谷裏有數處無色無味的弱鹼性碳酸氫鈉泉湧流不絕，稱為秀巒溫泉。秀巒溫泉的泉溫約為攝氏 45 度，聚匯成池後，正適合浸泡，且因其位於公路旁，容易抵達，是相當熱門的野溪溫泉。此外，在通過部落前高跨白石溪的「控溪吊橋」後，花上約四十分鐘穿越竹林小徑與溯行泰崗溪，可抵達更具原始風情的泰崗溫泉。不必長途跋涉，就能夠盡情地享受在青山綠水間悠閒自在的優質泡湯行。

泰雅族聚居的秀巒部落位於新竹縣尖石鄉後山的秀巒村。尖石鄉全境皆為高山，以玉峰山（又稱東穗山）為界，分為前山與後山。欲前往秀巒溫泉，從國道三號竹林交流道下，沿內灣方向抵達尖石後，得先走屬於前山路段的竹 60 線，由尖石大橋（0K）順著那羅溪上行至稜線上標高約 1,500 公尺的宇老（21K）。接續的後山路段則為竹 64 線，由宇老再順著泰崗溪往上游方向行駛約 11 公里抵達秀巒部落。

此段共約 32 公里長的道路雖然狹窄陡峭，沿途入眼的山水景致卻是十分秀麗，相當值得慢遊細賞，近年更成為熱門的鐵馬路線，奮力踩踏的騎士絡繹不絕。其中在竹 60 線 5K 處的「青蛙石」景點腹地較寬，又有座涼亭，不少車友會在此停佇休息。涼亭邊設置了不少可愛帶拙趣的青蛙石雕造景，總成為遊客拍照的背景，然而真正的青蛙石其實是盤踞在一旁那羅溪溪谷間的大塊砂岩。就因其肖似昂頭鼓鳴的蹲踞大青蛙，故而得名。

一路盤桓抵達稜線最高點的宇老，可以在一旁原住民開的小吃店打打牙祭，上個廁所，再到宇老派出所兩側的觀景臺欣賞前後山的美麗景致。在東邊可俯視深峻的玉峰溪谷，極目遠處的綠意山巒。天氣晴明的時候，甚至可以見到積著皚皚白雪的大霸尖山。西側的主景則是遼闊的那羅溪谷，最適合在稍具水氣的日子於此欣賞翻滾變化的雲海及澄黃燦爛的夕陽。

過宇老之後，循著台 64 線一路下行。此時路旁伴隨的主要景觀是夾在群山崖壁下的泰崗溪谷。泰崗溪在此段大費周章地多做轉折，形成不少掘鑿曲流地形。行車之餘不妨在路旁的觀景臺稍做停留休息，聽聽林間此起彼落的啁啾鳥鳴，大口呼吸冷涼清冽的芬多精，也欣賞這幅佈展在眼前，嶺峻谷深、氣韻盎然的天然圖畫。

即將進入秀巒部落前，率先攫取遊客目光的便是著名的地標「軍艦岩」，而秀巒溫泉最吸引湯客的泉池，正位於距離軍艦岩約 50 公尺的上游處。秀巒溫泉一帶的岩層主要是互相交替出現的薄層砂岩及頁岩，中間又偶爾夾雜了厚實的白色砂岩層。這些白色砂岩層十分密實堅硬，抵抗溪水沖擊侵蝕的能力明顯較其他的岩層為高，久而久之在地形上就成為特別突出之處，而軍艦岩正是其中一道造形如同出港軍艦的聳立砂岩層。

宇老日落

秀巒部落當地居民最喜歡的泡湯地點就是這處位於泰崗溪與白石溪交匯處的溫泉。摸起來稍微燙手的溫泉水由白色砂岩的節理裂隙間中汩汩湧出，直接流入溪邊疊石而成的池子裏，完全不受污染，非常清澈。加上水溫可以自由混搭溪水調配，垂直的白色岩壁又完美地起了遮陽的效果，在此泡湯，涼風徐徐，悠然欣賞眼前巍峨的軍艦岩，不亦快哉！而過泰崗溪及白石溪的匯流口，往部落方向繼續前進，在秀巒檢查哨下方的白石溪畔，也有不少的溫泉水湧出，此處才是大部份外地遊客所知的秀巒溫泉。這裏的溪床較寬，一旁山壁又曾經發生大規模的崩坍，溫泉泉口往往被埋沒在砂石之下。偶爾會有人使用挖土機開出大型的溫泉池供遊客使用，只可惜溫度偏低，水色也較為混濁，並不那麼討喜。

若是覺得繞行大老遠的路，只為了一訪近在路邊的秀巒溫泉並不上算也過不了癮，那就不妨再多安排上半日的光陰，順道再深入探尋泰崗溪上鮮為人知的泰崗溫泉。泰崗溫泉並無法直接從泰崗溪與白石溪的交匯口上溯，途中會被困於深潭絕壁之前，所幸在高跨白石溪的控溪吊橋之後，有條高繞的小徑可以切過深潭。小徑一開始為水泥舖面，平穩好走，路邊四周點綴著高聳楓樹，每年秋冬之際的繽紛紅葉總吸引不少愛好拍照的人士前來尋訪獵影。往前步行約五分鐘，穿越一戶家屋後，路徑則開始變得狹窄溼滑且不明顯，還有幾處的小崩塌，得多加留心尋路。幾經拉繩上下陡坡，不久則會跨進一整片幽靜的孟宗竹林。身邊桿桿羅列的翠綠襯著腳下沙沙作響枯黃的竹葉，畫面透著一股空靈的意境，讓人到此總不免慢下腳步欣賞品味。然而別光只是貪圖享受風景，記得千萬不要直行走完竹林，而要特別注意找尋左轉陡下的小土徑，那才是可以順利切到泰崗溪谷的路。

泰崗溪源遠流長，上游流域含蓋了司馬庫斯及鎮西堡的檜木神木群。由於原生植被完整，水土保持佳，溪裏懸浮的沙石量因而較少，水質也特別地清澈冰涼，底床散布的石塊幾乎粒粒可數。冬季枯水期時泰崗溪的水位低淺平緩，多數路程可以走在由砂頁岩互層形成的階地上，溯行十分容易。然而夏季則不建議到此玩水，因為溪谷腹地窄迫，兩側皆是聳立的崖壁，一旦上游降下大雨，躲避不易。另外在溪谷裏只要稍加留心觀察，還可見到岩層的褶曲、節理、斷層等構造，是處內容豐富的大自然地質教室。

秀巒溫泉
位置：新竹縣尖石鄉秀巒村
TW67 X:278793 Y:2723275
抵達難易度：易
型態：未開發溫泉區
泉質：弱鹼性碳酸氫鈉泉
pH 值：7.7
溫度：攝氏 58 度

泰崗溫泉
位置：新竹縣尖石鄉秀巒村
TW67 X:279952 Y:2724140
抵達難易度：中
型態：未開發溫泉區
泉質：弱鹼性碳酸氫鈉泉
pH 值：7.8
溫度：攝氏 54 度

適合泡湯冬季枯水期間，沿溪溯行幾乎都不用真的下到溪水裏，只有在抵達泰崗溫泉前的最後一段有道較急的湍流需拉繩小心涉度。通過後，溪谷豁然開朗，再跳過一片礫石灘，泰崗溫泉已然在望。這處的溫泉也是屬於弱鹼性的碳酸氫鈉泉，溫度約攝氏 43 度，是由十分貼近溪水面的砂岩層裂隙中湧出。只是泉量不大，加上地形之故，並不是那麼容易造池。若要在此處泡湯，建議最好帶上一些尼龍袋現場做成砂包，才能隔絕冰冷的溪水，圍出較具規模的溫泉池。對岸的岩壁上也有些溫泉湧出的露頭，只不過因溫泉直接落入較深的溪水中，無法造池利用。溫泉旁的河道寬闊，水流平穩，很適合併著溫泉做冷熱浴。而若想在這裏過夜享受溫泉，欣賞靜謐的溪谷，一旁的砂灘地則有約可搭設 5、6 頂帳篷的腹地。

繼續往上游前進的話會發現溪谷再次收束，且其間散布許多巨大的白色砂岩滾石。溪水在這些巨石陣中流成激湍，增加了上行的難度。不過，只要突破地形，就能見到另一道溫泉水量更大的溫泉，這裏才是真正的泰崗溫泉主露頭。只是溫泉湧出處被水泥製的溫泉槽遮蓋，喪失了天然的風味。位在新竹後山的秀巒溫泉與泰崗溫泉是屬於車程較遠，但路程卻平易近人的野溪溫泉，雖然溫泉泉質較為清淡，四周卻擁有絕佳的山光水色，由 11 月至隔年的 4 月皆適合探訪。在此冬季可欣賞滿山紅黃交錯的蕭瑟北國風情，初春則山巒溪谷嫩綠盈眼。若想來個野溪溫泉初體驗，秀巒與泰崗溫泉絕對會是最好的選擇。

秀巒上游溫泉

秋天的秀巒色彩層次紛疊，美景處處。

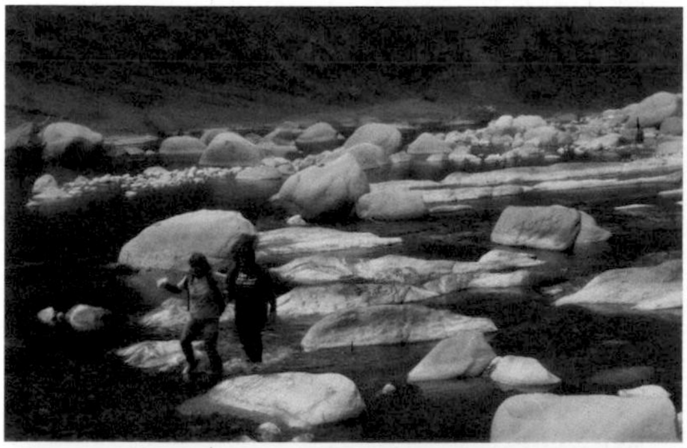

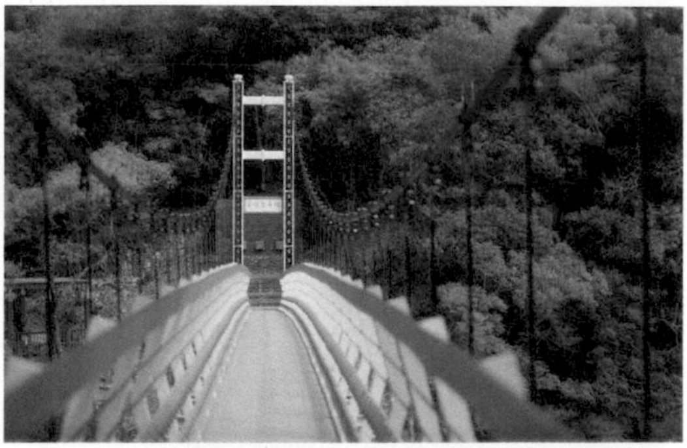

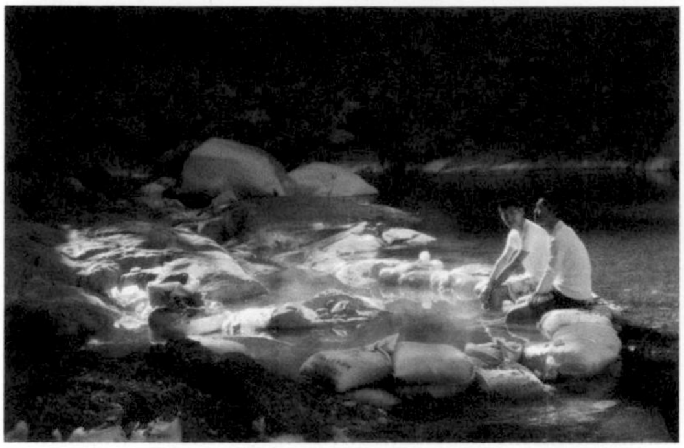

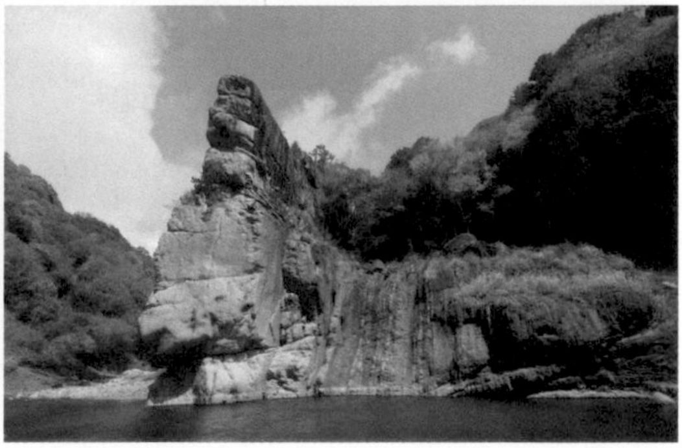

1	2
3	4

1. 平緩的泰崗溪上遍布著白色砂岩
2. 新建的軍艦岩吊橋讓遊客能以更多不同視角欣賞軍艦岩的壯闊
3. 利用砂袋圍成的泰崗溫泉池
4. 軍艦岩是一道造形如同出港軍艦的聳立堅硬砂岩層

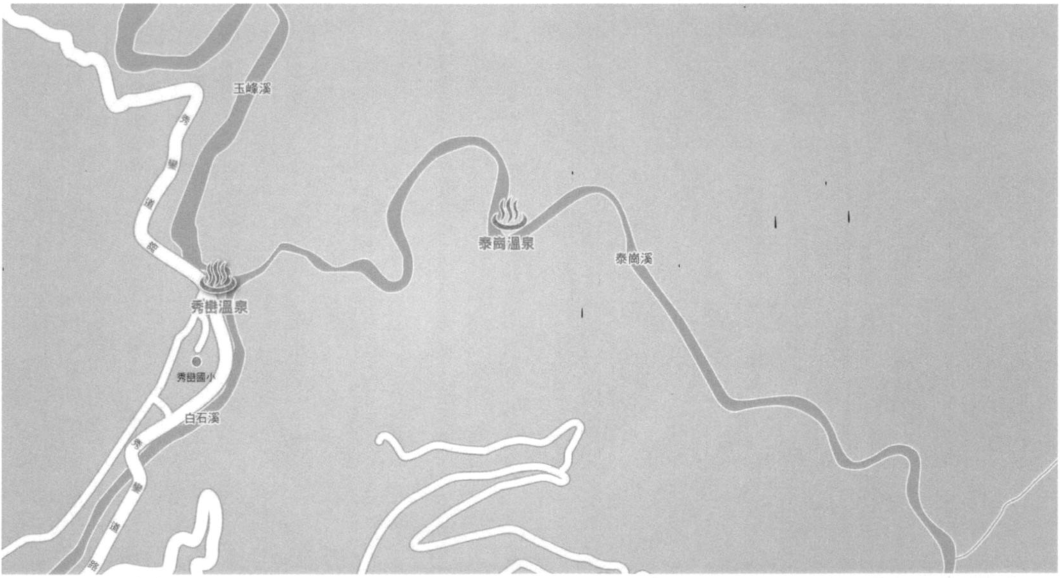

司馬庫斯
地址：桃園縣復興鄉華陵村
交通方式：由國三下新竹關西交流道，接臺
　　　　　三轉120線道，經內灣、尖石、
　　　　　錦屏、宇老、田埔、秀巒後，再
　　　　　上泰崗接司馬庫斯17公里長的連
　　　　　絡道，全程4小時可到。

司馬庫斯（泰雅語：Smangus），是位於
新竹縣尖石鄉後山的一個泰雅族部落。由
於位處深山交通不便，且遲至1979年才
有電力供應，曾被稱為黑色部落，後因發
展神木群觀光，現今已成為一個熱門的景
點。也由於環境相對封閉，當地保留了不
少泰雅族的傳統生活習慣，也仍堅持以樹
木及竹子為建材興築新的建物。居民早期
以農業營生，農產品有小米、水蜜桃及
蔬菜等。近年來居民轉以觀光業為主，民
宿、餐廳等漸次成立。

1. 通往神木的步道穿越一片蔥蘢竹林
2. 司馬庫斯部落
3. 通往司馬庫斯部落中途的白色山櫻花

13 清泉

溫泉小城故事多

王維有首著名的五言律詩《山居秋暝》：「空山新雨後，天氣晚來秋，明月松間照，清泉石上流。竹喧歸浣女，蓮動下漁舟，隨意春芳歇，王孫自可留。」王維於詩情畫意中，寄託著自身高潔情懷與對理想境界的追求。而我又特別喜愛「清泉石上流」這一句，簡單五個字，就讓人像掬到了那淙淙輕響的清涼。

位於新竹縣五峰鄉桃山村上坪溪畔的原住民部落，聰明地挑用「清泉」稱呼自己。我認為這選擇還真能讓人未拜訪心中就對其風光水色悠然神往。而這裏的確也有湧泉。泉質不單清澈，更騰騰冒著白霧，是個難得的優質溫泉！早年居住此地的泰雅原住民稱「自然的熱水」為 Ulay-mklix，理所當然，這裏他們就命名為「Ulay」（烏瀨），倒是和同為泰雅族領地的「烏來」有著一樣的命名原則與發音。幸虧在交通不便的過去，兩地隔得遠，想來不至引發混淆的困擾。

清泉也是霞客羅古道的起點。古道原本是當地泰雅族人的聯絡山徑，日據時期為了鎮壓原住民，將之改建為可以運送山砲的警備道，沿線佈置眾多駐在所。清泉這兒的駐在所現在還留有石塊堆成的地基，上頭改建了新的警察局。當時日本政府為了犒賞這些警官，都會在一些有溫泉的地方設立浴場，像是泰安、谷關、關子嶺。清泉也不例外，於 1913（民國 2 年）便已開發溫泉，供隘勇線日警專用。後來在大正 10 年（1921）更設立了「井上溫泉警察浴場」，稱這處溫泉為「井上溫泉」。「井上」應該是為了紀念某位日本警官吧？目前還沒查到相關的記載。倒是後來日人看著這兒的景色著實像是京都附近的嵐山，所以又稱之為「嵐山溫泉」。

去過京都，但沒機會到嵐山去泡溫泉，見識當地的風情。總覺得日本人非常會命名，山嵐…我們常在用的詞，只輕輕翻轉，嵐山，這個地方就像有了生命，活了起來。站在日據時代就有的，懸在半空中的 1 號吊橋上環顧四望，層層的山巒疊翠，腳下巨石四佈的上坪溪一路奔流而下，翻起白色水花，此番景緻，真算得是個世外桃源。

而先前的清泉其實更為秀麗。當時的「清泉試浴」可是新竹八景之一。只不過在民國 52 年 9 月時，「葛樂禮」颱風帶來的豪雨引發超大土石流，瞬間混著溪水而下的大量砂石把沿溪屋舍都給掩沒在數十公尺的深處。看著耆老的訪談筆記，他們對這颱風帶來的破壞，彷彿仍歷歷在目，餘悸猶存。而同樣在這次大水中，日據時代留下來的，曾用來軟禁張學良的屋舍也極可惜地被沖毀了。

張學良在中華民族的近代史中有著一定的地位，是西安事變的主角之一。事變平息後，他被蔣中正祕密地封鎖人身自由。從 1946 年 11 月到 1957 年 10 月，他和紅顏知己趙一荻（趙四小姐）就這麼被拘禁在深山的清泉部落裏，與當年在大陸上叱吒風雲的氣勢相比，著實委曲。他曾寫下一首詩來描述自己壯志難伸的心境：「山居幽處境，舊雨引心寒，展轉眠不得，枕上淚難乾」。張學良和王維同樣的山居，一樣的淅瀝秋雨後，卻因境遇而有著完全不同的人生體認。

清泉的確可以算是地處深山。從竹東出發走 122 縣道，還要入山 25 公里，穿過桃山隧道才能抵達。桃山隧道現在拓寬了。在過去，用人力開鑿長 380 公尺的山腹孔徑，僅能供單向通行。加上山道沿路也是相當窄迫，路面顛簸。將張學良錮禁於這麼一個不良於行的地方，真是能徹底斷了他脫逃的念頭。

後來新竹縣政府為增加清泉的觀光景點，開發國內旅遊市場與爭取陸客來臺的商機，先於 2006 年 8 月成立籌備會，由縣府參議蔡榮光擔任召集人，著手史料蒐集，並於同年底推出「幽幽清泉夢」紀錄片。後來新竹縣長鄭永金透過駐日代表馮寄臺的引薦，認識了張學良的兩位姪女「張閭蘅」、「張閭芝」。張氏姐妹於拜訪

日據時期這裏稱為「井上溫泉」，亦稱「嵐山溫泉」

位置：新竹縣五峰鄉桃山村
TW67 X:259828 Y:2718889
抵達難易度：中
型態：未開發溫泉區
泉質：弱鹼性碳酸氫鈉泉
pH 值：7.7
溫度：攝氏 58 度

重建張學良故居

三毛的家

清泉之後，大方地授權縣政府使用當年張學良寄給她們的清泉生活照片。憑藉著各幀照片背景，縣政府得以在溪的對岸另選了一個地點仿建張學良故居。

曾住在清泉的名人，除了不情願的張學良，另外還有位愛極此處的作家三毛。她曾寫下這樣的句子：「當我想到清泉時簡直有一種痛，每當生命出現太美好的事物，我總覺得痛，和孤獨，我離開清泉，一部分的心碎了。」總覺得這樣的心境與想頭是來自於紅樓夢裏的黛玉，在最繁華之際就先預見斷井殘垣。而這種「儘往壞處想」的心理壓力，最終都壓垮她們嬌弱的身軀，提早離開這個滾滾紅塵。

從 1983 年到 1986 年，三毛在這兒租下一間座落於半山腰的紅磚屋，由 1 號吊橋東端往上爬幾段階梯就到。浪漫的她將之取名為「夢屋」，並在此翻譯目前仍服務於清泉天主堂的美籍神父丁松青的作品，《清泉故事》及《剎那時光》。

「夢屋」屬於私人產業，目前仍在。著眼於假日慕名而來的遊客商業利益，屋主將此處開放，酌收茶水費。有回我向門口翻讀報紙的原住民青年付錢，進去坐坐。他在我的票根上蓋了個戳記，日期晚一天。向他提醒，他翻身查了一下日曆，靦腆向我笑道：「還真的錯了呢！」真是山中無日月啊！

夢屋內簡單地佈置著些家俱，還有些三毛的作著與相關剪報。其實沒有什麼看頭。我在屋前那搭了棚架的平臺選了個靠邊的位置，嘴裏含著微甜的紅茶，微風輕輕從耳際吹來，真是身心都涼了。展眼向外望，對岸的山矗直地向水藍的天伸去，上頭鑲著團團的樹，彼此以稍有差異的綠挨擠著，也難怪三毛對清泉如此眷戀。

再往右邊些，山上又可見到間擎著個白色十字架的藍色天主堂，那就是丁神父佈道的地方。他在清泉待了 30 多年，人生最美好的歲月都獻給了這個山間部落。我接著閒步晃過吊橋，高高地過溪轉入教堂。剛剛禮拜結束的大廳顯得沉靜，空氣緩緩飄動。但牆上卻畫著許多活潑的原住民圖案，聽說還是出自神父的手筆，別有風味。我再繞進後頭的小房間內。裏頭塞滿轉著鼓溜溜大眼的原住民小朋友們，他們三兩成群，聚精會神地盯著幾臺電腦螢幕玩連線遊戲。這丁神父還真是考量到城鄉平衡啊！願意於教堂裏提供小朋友這些殺戮戰場。

因為舊址仍有土石流侵襲之虞，因此新竹縣政府於上坪溪對岸另行選址仿建張學良故居

丁神父佈道的天主堂內部

還是回到溫泉吧。

幾年前初次來此，是在造成清泉再次重創的艾利颱風橫掃之前。那時貼著白色磁磚的公共浴池建在通往霞客羅古道入口的山壁下。雖然幽暗的室內泉水還是冒著，盈滿池子，但我伸手掠過，溫度僅僅微溫，水色也濁，顯然是沒有什麼人使用。而颱風過後再訪，浴池就被落石給砸壞了。

再次來訪，縣府早已重新鑽好了高溫的溫泉井，引流到原來浴室的地點，另修設了一座大眾泡腳池。這處新增的泡腳溫泉池四周花木扶疏，又有延展的篷頂能發揮遮蔭的功效，機能性十足。不少媽媽婆婆們光著腳享受，喧嘩出一個滿足而又熱鬧的下午。

重新鑽井而得的清泉溫泉水質相當不錯，溫度足，觸手滑膩。遠遠勝過臺灣多處知名的溫泉鄉。大地之母豐厚慷慨的賜與，就看人們會不會妥善地管理與運用了。不要說清泉的距離太遠。為了泡湯，享受美景都能專程飛到日本尋找那種氣氛了。為什麼不在自己的國度裏築出屬於一個泡湯的天堂呢？清泉是有那種天賦潛力的。

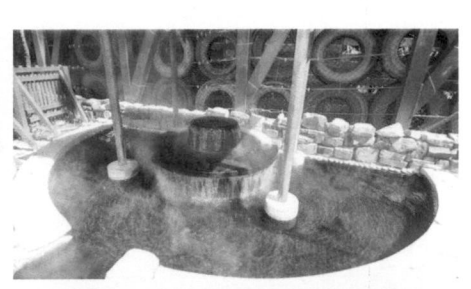

1	
2	3
4	5

1. 清泉擁有山光、水色與好湯
2. 適合遊客們歇腳舒緩筋骨的免費泡腳池
3. 整建後的泡腳池泉源
4. 井上溫泉及張學良故居舊址因有土石流風險，
   目前只有整地，未規劃開發
5. 使用多年貼著白色磁磚的公共浴池，因後方後方
   崖壁坍坊而廢棄，現今已在原址另行闢建泡腳池

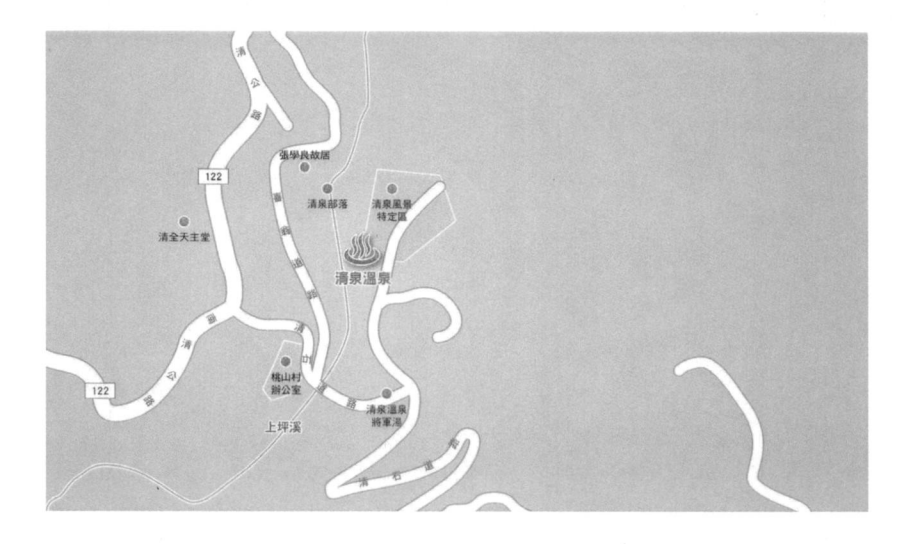

北埔老街

地址：新竹縣北埔鄉華陵村

交通方式：於北二高下竹東交流道，走左側匝道往竹東方向經 120 線，約 5 公里至終
**　　　　點右轉接台 3 線往南，經竹東市區約走 8 公里就到北埔。**

北埔老街古蹟區是半日遊的最佳選擇，國定古蹟金廣福天水堂，縣定古蹟姜
阿新宅，縣定古蹟慈天宮，曾學熙秀才府邸忠恕堂等距離都僅一百多公尺而
已。北埔街區因基於拓墾目的發展，因此住屋十分緊密以達防禦效果。慈天
宮以東的建築多為土埆厝，是早年墾民的住所；以西的部分多為長條型街屋，
其第一進多為兩層樓高，面寬三開間，是地方情勢安定後才建設的地區。

14 泰安

警光山莊的輾轉沿革

泰安溫泉湧自於後龍溪上游的汶水溪畔。溫泉所在的錦水村原屬泰雅族打必歷社（Tapirasu）。聽說當初臺灣光復在重新檢討村莊名稱的時候，因為「汶水」在客語中是混濁之水，感覺不太好，加上這兒又有溫泉，所以就用了反話「錦水」做為村名，既形容水很清澈，又兼之點提「滾水」之意。

相傳西元 1908 年，泰雅族打必歷社頭目於此發現溫泉源頭，於是樂天知命的原住民們便在溪流一角以山棕葉截住溫泉，享受沐浴天地間的自然野趣。我想這應該只是這個溫泉的最早紀錄而已吧？相信泰雅族人長年在此活動，應該早就會利用溫泉了。

根據明治 42（1909）年 4 月 28 日漢文臺灣日日新報報導：「距苗栗約七里蕃界，有谷川焉，上流四五小島，最上有溫泉，是為上島溫泉，蓋苗栗廳長家永氏之命名也。」而次年（1910）日本殖民政府便利用重力引流自湧的溫泉水，在下游一處地勢較高的所在設置了警察療養所，專供日籍警察及其眷屬使用，也就是現在的警光山莊所在。

光復後，此處改名為「泰安招待所」，由苗栗縣警察局取得水權。由舊照片所示，這裏一度稱做「虎頭山溫泉」。建築大體還是維持日據時的原貌，可推測是光復後不久，只是因為照片沒有確切年代，也不能證明什麼。照片裏的人物站立的位置很像是近來賣衣服的廣告，Model 各據山頭，擺著不同的 pose 望向鏡頭來，真是挺有趣的。「虎頭山」就是照片後頭那座高聳凸立的山頭，又稱為「虎山」或「虎子山」。

1959 年，葛洛禮颱風侵臺，溪水高漲並淹沒汶水溪流域的其他溫泉源頭，這裏因為地勢較高而倖存。1963 年，省主席黃杰到此，將溫泉浴池改名「水雲山莊」，並於民國 60 年增建新舍。現在則為「泰安警光山莊」。而到了 1978 年，當時為行政院長蔣經國先生又至此巡視，正式將「上島溫泉」更名為「泰安溫泉」，泰安溫泉至此進入另一發展境地。

不論是在日本殖民政府時代或是光復後至 1980 年代以前，「泰安溫泉」一直是作為警員或其眷屬的休憩場所，或是用來招待貴賓與官員，也因此才有省主席黃杰、當時為行政院長蔣經國先生的蒞臨。然而 1980 年代時，由於房舍老舊，作為招待所的機會減少，且警察及其眷屬的使用也有限，再加上當時有新興的國民旅遊市場需求，苗栗縣警察局改變了經營方針，決定對外開放給一般遊客使用。

可惜的是，這一連串的變革在泰安警光山莊這似乎沒留下什麼蹤跡。文化是需要積累的，休閒產業要深度化，也得靠積累的功夫。不僅是軟體服務的技巧與態度總是由經驗及錯誤中學習，硬體更要妥善維護、精進，才能沉澱出歷史的況味，吸引更多的遊客。就我的觀察，臺灣的旅遊景點總是求速成，粗製濫造地修築一些建物、地標，然後等舊了便拆了重建了事，一點也不心疼。所以屬於我們臺灣的歷史景點總顯得泛泛不深邃。

目前在泰安溫泉這一帶似乎是找不到自然湧出的溫泉了，除了少數一兩家用公家的溫泉井水源外，各大愈蓋愈顯氣派豪華的旅館都自己鑽井取用溫泉。警光山莊旁也有一口公用井。之前井沒有做好，溫泉水會由井中滲流，再從河畔堆積的砂石中冒出，看來倒蠻自然的呢！不過，以鑽井方式取用溫泉也沒什麼不妥。泰安這兒的泉質濃，泡來感覺特別滑潤，是北臺灣難得的優質好湯，千萬不可錯過！

光復初期此處由日據時期的「上島溫泉」短暫改為「虎頭山溫泉」

位置：苗栗縣泰安鄉錦水村
TW67 X:247381 Y:2707353
抵達難易度：易
型態：已開發溫泉區
泉質：鹼性碳酸氫鈉泉
pH值：8.4
溫度：攝氏 51 度

1. 位於警光山莊後的虎山是泰安溫泉最顯著的
   地標，夕陽照射下閃閃發光
2. 龍安橋一帶聚集了眾多溫泉旅館，任君選擇
3. 泰安擁有濃郁優質的碳酸氫鹽泉，周邊山光
   清朗、水色嫵媚，是個泡湯休憩的好所在
4. 布置成印尼峇里島風情的旅館溫泉池，不用
   出國也能享受熱帶悠閒風情

1
2
3
4

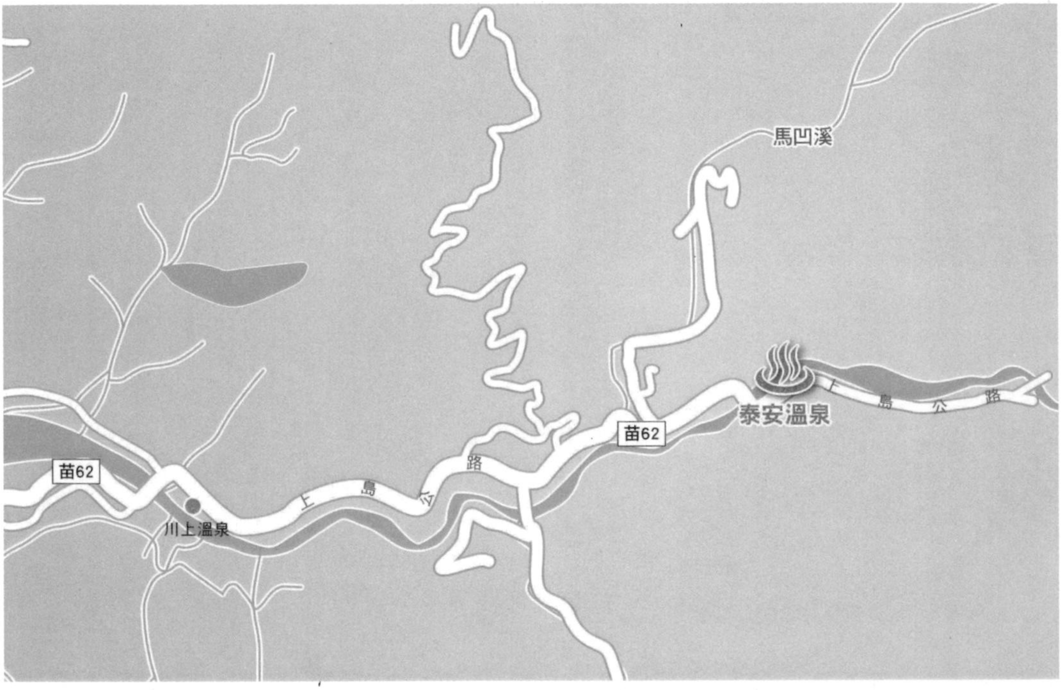

馬凹溪

泰安溫泉

苗62

苗62

川上溫泉

水雲瀑布

地址：苗栗縣泰安鄉錦水村

交通方式：於北二高下竹東交流道，走左側匝道
往竹東方向經 120 線，約 5 公里至終
點右轉接台 3 線往南，經竹東市區約
走 8 公里就到北埔。於一高下苗栗公
館交流道，往苗栗市方向約行 500 公
尺轉往台 72 東西向快速道路（往東：
大湖方向）走到底 (31K)，再接苗 62
線抵泰安溫泉區。

水雲瀑布位於東洗水溪和汶水溪的交會處，
氣勢懾人。自泰安溫泉區停車場開始步行，
單程約需要 1 個小時。因為位置隱秘，沿
途無指標且須在溪谷的大石間穿梭，若無
登山及涉溪經驗的民眾請勿冒然前往。

15 谷關

過度開發下的溫泉悲歌

「谷關」，這處大家耳熟能詳的風景區過去是英勇泰雅族世居之地。原住民不輕易低頭臣服的行事態度，使得這裏曾被日本殖民政府視為是兇狠生蕃盤據之處，因而開發較晚。一般介紹通常都簡單地描述谷關溫泉原名明治溫泉，發現於 1907 年。至於是誰，如何發現的？則從未闡明。更有甚者還言之鑿鑿地說是因日本明治天皇來此住過，才稱做明治溫泉。其實明治天皇並未到過臺灣。而所謂皇后回日本就生了個男嬰而稱明治溫泉為「生男湯」，更沒依據。

後來進圖書館翻閱文獻，果然從 1907 年 8 月 28 日的「漢文臺灣日日新報」上找著一則「探險蕃界溫泉」的報導。文內載明溫泉的發現是東勢角支廳長在該年 8 月巡視轄內隘勇線時，聽聞有溫泉而請原住民當嚮導前往查探。後因思索原本兇狠的原住民竟能順化地帶領他們找到溫泉，應歸功於明治天皇的英明，所以就奉承地將此溫泉命名為「明治溫泉」。

雖然這溫泉發現於 1907 年，但發現並不等於開發。遲至 1917 年 6 月 7 日的「臺灣日日新報」上才又刊載了一則「明治溫泉新設」的新聞(此篇文內說明溫泉發現於明治 35 年(1902 年)，比上篇 1907 年的報導還早。但是這篇寫於 10 年後的報導應是將日期記錯了，理應以 1907 年的報導較為可信)。總歸而言，明治溫泉的發現與開發，基本上是當時因理蕃工作及附近的八仙山林場闢建積極進行之故。

「臺灣日日新報」在 1929 年 4 月 26 日報導一條通往明治溫泉的自動車道正開始籌劃開鑿。這條自動車道施工難度較大，一直到 1938 年 3 月 14 日，也就是離開始籌議建設差不多 9 年後，才正式開通。而也是在此年(1938)，太魯閣地區被指定為國立公園，範圍包括東起太魯閣、清水斷崖，北達雪山、南湖大山，西迄小雪山及谷關溫泉。後來在 1940 年 8 月 24 日，「臺灣日日新報」又報導因為道路的開通及電力公司的工程進行之故，加上理蕃有成，政府開放了霧社「櫻溫泉」和東勢「明治溫泉」的自由觀光，不需要再辦理入蕃許可證。如此一來，到明治溫泉的遊客是更多了。

民國 34（1945）年臺灣光復之後這裏改名「谷關」。「明治」這個名稱實在太日本了，想當然爾，在當時仇日的時代氛圍下是不可能沿用的。就我猜測，會取名「谷關」，多少沿襲自河南的「函谷關」。函谷關最早是在春秋戰國時代由秦國所建。其附近的黃河流域丘陵起伏，又有中條山、崤山等阻斷，交通十分不便。唯一東西向平坦的通道，就是東自崤山，西至潼津，谷深如函的函谷了。這函谷形勢險要，最窄處只能容一輛馬車通行，正所謂「車不方軌，馬不並彎」，而在這裏建成的「函谷關」，自然成為軍事要衝。若是你有注意，一路由東勢上溯大甲溪，過了谷關後，兩側的山壁果然馬上束緊相夾成深谷。取這名倒也真是符實的。

谷關地區第一家民營溫泉旅館是「明新溫泉旅社」，到了 48 年擴大經營規模，改名為「谷關溫泉旅社」（現在則稱為谷關大飯店），想必是很多長一輩人士到谷關泡湯的首選。民國 49 年（1960）5 月 9 日中橫公路通車後，谷關溫泉更成了往來遊客們必停的熱門景點。各家溫泉飯店為了竭盡所能地增加可用面積，不惜成本擴建，而原本的溫泉區腹地不夠用了，新的投資者便接著往上游大肆開發，用水泥興築提防，造出平地，將大甲溪束進窄窄的水道內。長期過度的經營，幾乎已經無法辨視這裏曾是日據時代那個清幽的明治溫泉。

明治溫泉

淤積的大甲溪

臺灣的溫泉大多位於山明水秀、自然生態豐沛之處，而我認為到溫泉就應該是要體驗完整的身心靈洗滌。若店家想像全部的遊客都只是想躲進外觀豪華，內裝高檔的飯店裏睡覺泡溫泉，大肆張牙舞爪佔地，從而忽略建築本身與周匝環境的調和，那就真得太可惜。

現今的谷關溫泉區

而且這樣的工法面對起起伏伏的大自然還是毫無招架之力。921 大地震後大甲溪上游的土石崩坍相當嚴重,一次次的颱風大水陸續將大量砂石順流沖刷洩下,沿溪的建築設施便也催枯拉朽般地全給擊倒。更可嘆的是這些毀壞的旅館建築及橋樑就這麼給晾在原地,並未拆除清理。讀過陶傳正寫下的一句話:「畫妝前也得先把臉洗乾淨」。不是將錢花在環境妝點就好,那只是錦上添花,先把廢棄的無謂建物拆除,還給遊客們一個清爽美麗的休閒環境,那才是更該優先的項目。

921 地震不僅震毀了谷關到青山之間的道路,使得過路遊客數量大幅減少,其溫泉水質似乎也受影響,礦物質濃度有明顯的降低。所幸近年來泡湯風潮盛行,谷關地區的旅館湯屋業者奮發圖強,增添不少風格各異的設備招攬湯客;政府也舉辦各式旅遊活動及成立了「谷關溫泉文化館」,試圖拉抬谷關的人氣。但或許時也、命也,生意還是無法如同過往的繁華。

政府曾經推動「一鄉一特產」的政策,個人認為這也適合在風景區的觀光產業上。我們到日本京都總不會想著要看玻璃帷幕摩天大樓,去峇里島更不希望走在沙灘上,身邊卻突然出現一棟希臘式的藍白建築。那說有多殺風景,就多殺風景!給人時空紛紛的錯亂之感。但谷關溫泉區恰恰如此,像個世界融爐,大夥各自為政,總想著要和別人不一樣,結果就是讓人反而一點印象也留不住。我想著,若是谷關能選擇統一風格,就例如峇里島南洋風吧,每個店家再從這一概念去做不同的區分設計,團結力量大,一定會給到訪的遊客視覺感受到極大的震撼。從而一來再來。

我們什麼時候才能再度還原當初靈秀的谷關,
可以讓人見之忘俗呢?

位置:臺中市和平區博愛里
TW67 X:250118 Y:2677838
抵達難易度:易
型態:已開發溫泉區
泉質:鹼性碳酸氫鈉泉
pH 值:8.2
溫度:攝氏 62 度

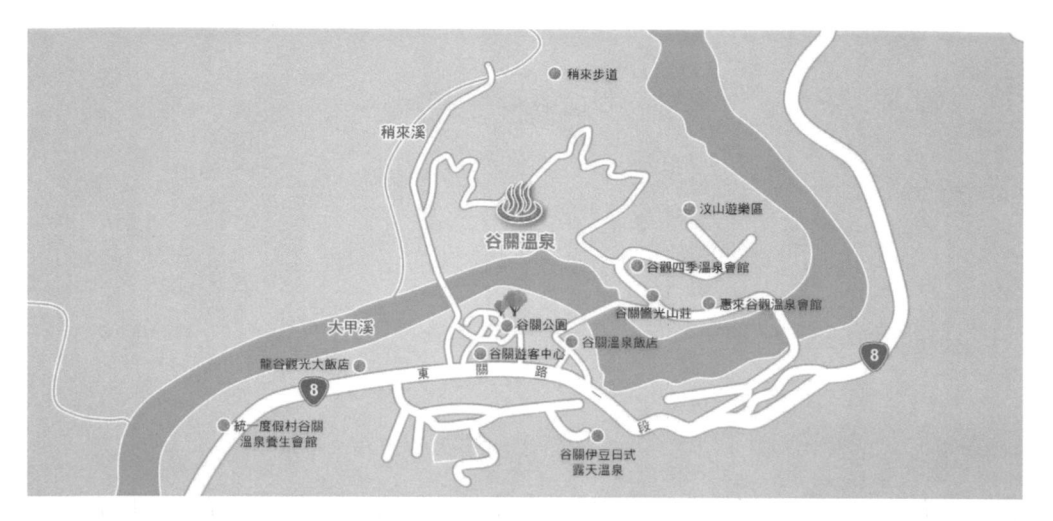

1. 通往主要溫泉區的谷關吊橋建立於 1986
   年，長約 100 公尺
2. 橫跨中橫公路醒目的牌樓是很多人對谷
   關共同的回憶
3. 谷關溫泉文化館內詳細介紹了溫泉的各
   個面向
4. 谷關溫泉泉質較為清淡，久泡不累
5. 谷關溫泉文化館後方庭園內設有環境清
   幽的免費泡腳池

1		
2	3	
4	5	

新社莊園

地址：臺中市新社區協成里協中街 65 號

交通方式：於國道一號南下方向過后里收費站，在 165 公里處轉國道 4 號往東勢石
　　　　　岡方向行駛，下終點交流道後左轉續行台 3 線（豐勢路）。循新社指標前
　　　　　行，至新社後再循新社莊園指標前行即可到達。

新社莊園（新社古堡）位於大坑風景區內，是近年來臺中興起的旅遊景點。
莊園內處處另人驚豔，舉凡輪番盛開的各式花木、獨特的樹屋、彷彿進入
中古世紀的歐洲古堡、酒莊、迷霧瀑布、虹橋等等，都能讓遊人徜徉其中，
不覺忘我。

新社莊園佔地廣闊，有多棟磚造歐式城堡及莊園建築，適合全家大小漫步同遊

16 馬陵

十載埋沒再現風華

馬陵溫泉過去是大甲溪流域中橫公路下方相當著名且火紅的一處野溪溫泉。其湧泉量豐沛，分布範圍廣泛，加上所在溪谷兩壁高聳夾峙，山景壯麗豪邁，不少人都曾特地從青山下線的壩新亭下溯拜訪過，一享難得的露天野湯經驗。只是原本傳聞中渾然天成的寬闊溫泉游泳池和離溪床達 20 公尺的岩壁溫泉情人窟，在無情的 921（1999 年）大地震後便皆消逝無蹤。倒也不是地底湧升的溫泉水脈橫遭阻斷閉塞，而是大量崩坍的砂石被大雨沖刷入溪後將河床淤高，溫泉也就被深深埋沒，消聲匿跡了近十年！更別說中橫路斷，遊客想前往探訪確認也難上加難。

2007 年時曾經試著直接開車到馬陵隧道口，然後順著陡峭且大石遍布的馬陵溪下切到大甲溪。可惜那時大甲溪濁混的溪水沖刷翻滾，找不到可以落腳過溪的點，另一方面也不確定溫泉倒底是在交匯口的上游還是下游（現在確認是在匯流口的上游約 500 公尺處），躊躇了一陣還是放棄。後來才知道，那時馬陵溫泉本根仍是處於遭覆蓋的狀態，就算上溯成功了，也是白搭。

一直要到 2009 年，921 地震 10 年後，此處崩積的土方逐漸移轉到下游，溪床也重新被侵蝕到原來的深度，總算才又傳來馬陵溫泉在原地重新現蹤的消息！那一場發生在深夜震撼全臺的大搖晃著實讓好幾處優質的野溪溫泉傷筋動骨，相較下，馬陵溫泉元氣已經算是恢復得快了。

現在要進入馬陵溫泉一般都是通過谷關後，自中橫管制哨前沿左切的小徑走下溪床，再往上溯行約 4 公里（約兩個半小時），便能抵達目的地。要特別留意的是大甲溪上游有個德基水庫，還有幾個發電用水壩，隨時都可能會放水，所以進入要記得申請入山證通報一下。大體而言，在冬季枯水期大甲溪的流量並不大，兼之又清澈見底，即使水深及腰，溪底的礫石依然顆顆分明。只要踏穩，安步當車，涉渡並不算困難。

開始上溯不久可見到右側山壁間高高嵌著一面仿道觀的遺跡，讓人油然生出一股身處武俠世界的快意。其實，那並不是道士勤修的閉關之地，而是以前臺電谷關分廠的入口。別看現在那門高高地懸在頭頂上，921 隔年桃芝颱風侵襲時，這裏的溪床被淤高了接近 20 公尺，大水沖毀吊橋，漫進入口，造成谷關分廠地下發電機組嚴重毀損。然而才沒過幾年，溪床又重新侵蝕下切至現狀。蒼海桑田轉瞬間，真是由不得我們説什麼人定勝天啊！

上溯的沿途入目都是植生尚未恢復的大片光禿崩壁，露出白色粗粒的達見砂岩，有些風化特別嚴重的區域落下的碎石就在溪邊堆成了規模驚人的大崖錐。抬頭偶爾可見山腰那道已可通車但仍尚未開放的中橫公路，説是要讓山林休養生息。看眼前這仍是一片破敗的態勢，也不知何時才會再有人來車往的一天了。也或許就該這麼一直封山下去吧！

等經過由右側匯入的馬陵溪，再見到自左側落下的一道瀑布，馬陵溫泉也就到了。溫泉重見天日的頭兩年，溪旁的砂地上都有熱水直接湧出，因築池泡湯容易，吸引了很多四驅車玩客闔家前來露營。我拜訪的那年溪水水位大幅下降，原本還以為溫泉會冒湧得更放肆，結果不然。不僅溪床崎嶇難行，車子進不來，溫泉也只剩下岩壁裂縫中有比較明顯的湧水量。幸虧是朋友阿山帶了塊大帆布進來，用水管一引，便是一大池暖湯，雖然醜了點。

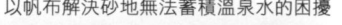
以帆布解決砂地無法蓄積溫泉水的困擾

警政署入山申請：
https://nv2.npa.gov.tw/NM103-604Client/

溫泉週邊的營地老實說有些危險，因為都可以看到從崖上新墜下來四散的落石，尖銳的破裂面，砸到人可不得了，所以紮營我們都盡量遠離山壁。晚上睡在帳篷裏，心裏微微擔著心，祈禱可別有地震。除此之外，一切都好。地上有著溫泉加熱，微微溫，睡袋虛掩著就渾身暖呼呼。

這裏主露頭的泉溫剛好接近 71 度，硫化氫味道又濃，正是煮純正溫泉蛋的絕佳水溫與水質。70 度的水溫能讓鵝黃的蛋黃全熟，包覆於外的蛋白反而呈水水嫩嫩地半固結狀態，順勢一吸，就全滑進了嘴裏，帶著淡淡的硫黃味，口感相當獨特。

隔早再度泡完溫泉，我跑到營地旁那道美麗的瀑布下沖涼，冰涼的水珠細細地噴灑在身後，感覺特別舒服。聽說以前溫泉邊山壁上的凹洞裏有處溫泉窟被稱做情人湯，因為剛好可以容納兩人，位置又隱秘的緣故。我留心找了一下，是有個凹陷的平臺，可惜裏頭是乾的，並沒有溫泉再從那湧出。其實這便也是野溪溫泉有趣之處，每回拜訪，即便是舊地，也總能有新發現及新感受，就算人面不知何處去，至少也還會有新的桃花舞春風。

大甲溪

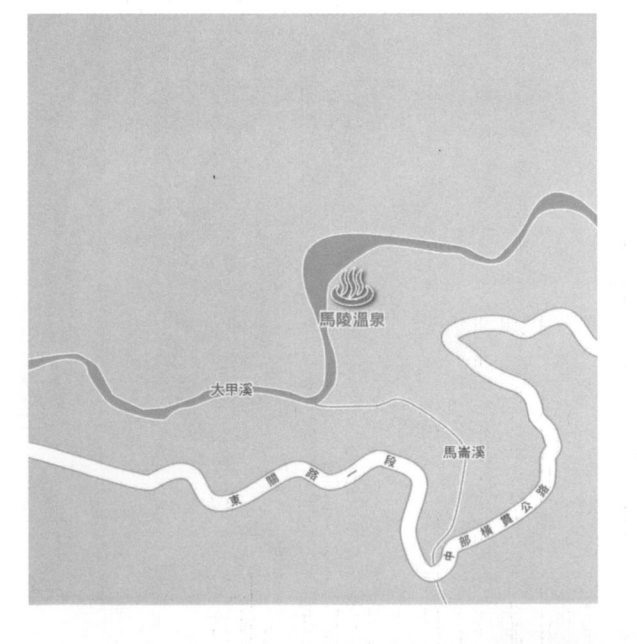

位置：臺中市和平區博愛里
TW67 X:254773 Y:2680666
抵達難易度：中
型態：未開發溫泉區
泉質：中性碳酸氫鈉泉
pH值：7.8
溫度：攝氏 71 度

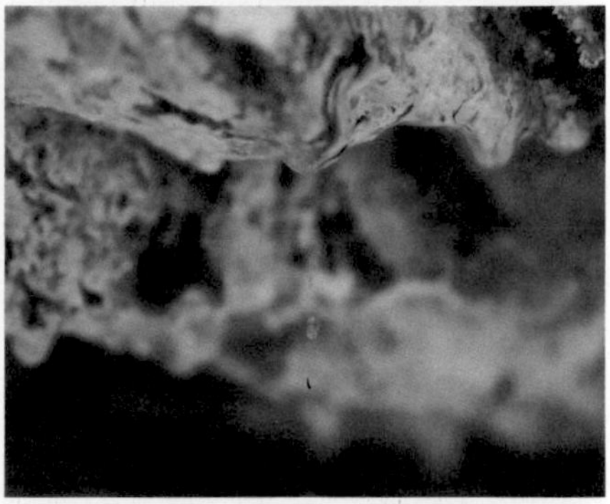

1	2
3	4
5	6
7	

1. 乾季時涉度大甲溪難度並不高

2. 溫泉源頭

3. 利用燙手的源頭煮溫泉蛋

4. 由倒懸的裂隙上滴滴答答落下
   的馬陵溫泉水

5. 紮營盡量遠離山壁，避免落石
   危及安全

6. 山壁上的谷關發電廠入口遺跡

7. 大甲溪豐富的魚群吸引不少釣客

馬陵溫泉旁的瀑布

17 青山

水落泉出

青山壩是位於大甲溪上的一座攔河堰，其設計目的是攔蓄德基水庫的發電尾水，提供下游的青山發電廠接續使用。921 時青山電廠遭到震損，2004 年廠房又被 72 水災暴漲的洪流灌入。然而壞運並不就此止步，滿目的瘡痍還來不及平撫，2005 年龍王颱風便又再度重創廠區。這接二連三的天災，致使青山電廠只能暫時停止營運以進行復建工程，青山壩也因此閘門全開，停止蓄水，進而意外地讓壩底南側的溫泉現了蹤。

在過往的文獻資料裏大甲溪沿岸的溫泉自下游到上游依序為白冷、谷關、神駒谷、馬陵與德基（達見），還有個傳聞中位於支流志樂溪上的溫泉，然而就是未曾聽聞過青山溫泉。2007 年一位退休同事在協助臺中市政府調查區內溫泉資源時，自臺電員工的口中獲知青山溫泉這個新溫泉消息，於是便熱情地邀我一同去瞧瞧。我當然一口答應，這裏可是管制區，通常得要有公文才能通過哨站。況且 921 之後這一條大甲溫泉溪失色不少！像是距離青山壩下游約 1.6 公里登仙峽一帶的德基溫泉在 921 地震匿蹤後便再也無消無息。這種山河破的情況下竟然還會有新溫泉消息傳出，自然不可錯過難得的拜訪機會。

青山溫泉是位於臺中市沒錯，但要從臺北去，自然還是選擇由宜蘭經梨山過德基水庫這條路。自從 921 大地震震壞了中橫青山上下線後，中南部遊客想前往宜蘭得遠兜遠轉地繞，半途上的德基水庫也因此成了半個世外桃源。遊人頂多到梨山，沒什麼人會花費心力特地安排行程前往庫區。

當我縮在車後座顛得頭開始發疼之際，正好大夥決定在水庫中段先稍事休息，下車欣賞風景。站在公路旁，眼光順著延長蜿蜒的寶藍瀲灩湖面朝東北方望去，遠處南湖山頭輕沾白雪。要是右方地勢較平緩的山腰不是開發過度的果園，而是點綴著座彷若精緻纖巧的天鵝新堡建築，不就與歐洲畫冊上的風光如出一轍了嗎？ 水庫中還浮座小島呢！划著一葉扁舟劃過溶溶碧波登島，與三五好友在樹蔭涼處伴著清風煮茗閒話，一定是個紓壓忘俗的假期。

繼續朝西開，接著見到了突兀浮凸在水庫間的佳陽沖積扇，地質學上所謂的「山麓沖積扇」標準地形。佳陽沖積扇上面的地形較為平緩，都被開墾成了肥沃膏腴的農地。沖積扇的上方就是有著傾洩大崩壁的百岳佳陽山，難怪會有這麼豐富的岩屑來源。也幸虧是德基水庫將大甲溪上游匯下的水流速度減緩了，不然，在急流沖蝕的效應下，這種教科書等級的地形，也是留不下來的。

通過了劃出漂亮大弧線的德基拱壩，沿著小路反覆切下大甲溪，青山壩總算出現我們眼前。溫泉就湧自於壩體南側一角的擋土牆裂縫間，瞧著有些不自然。泉水熱乎乎地，湧量不小。可惜沒時間築池，不然花些功夫引水溪畔泡湯，欣賞環繞的青碧山水，應該是不錯的享受。其實大甲溪所有的溫泉共同特色就是礦物質濃度不高，清清淡淡地，若不是美景當前，和在家中燒熱水浸浴缸好像也沒差多少。

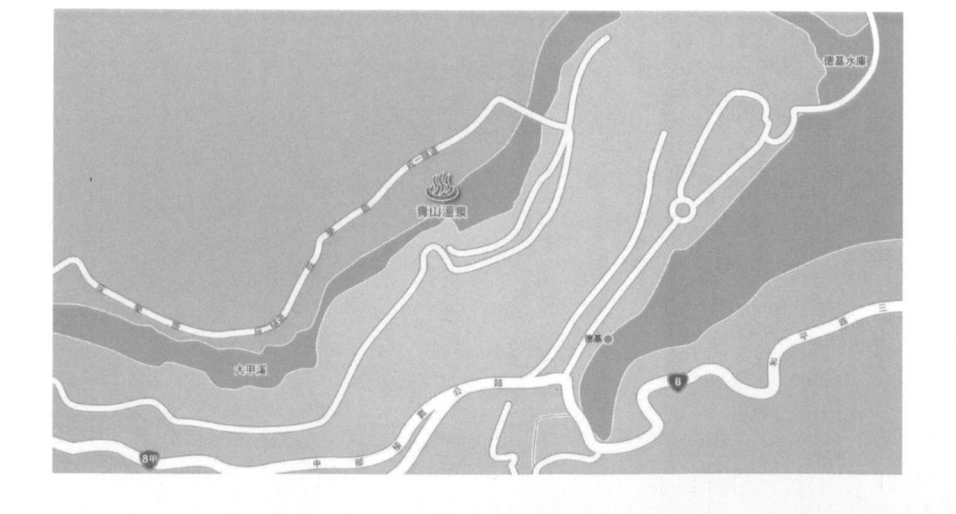

比較引起我興趣的倒是壩前礫灘上滿地的蛤蜊殼。當時想著，怎麼會有人在這裏吃著又亂丟著蛤蜊？後來不經意間查到資料才知，原來大甲溪的上游流水平緩處原本就有蛤蜊生活哩！真是特殊。這裏也曾有觀察到鴛鴦的繁殖紀錄！我瞧見的鴛鴦總是悠閒地在平靜地湖面上盪漾，很名士派，斯斯文文地，從也沒見過他們吃東西。不知道在這野地裏與真實生活奮鬥著的鴛鴦，都找些什麼來吃？之前倒是在臺北市公園的林子裏瞧過一隻黑冠麻鷺啄食土裏的蚯蚓。他的動作很緩慢，嘴裏唧著一小截蚯蚓，然後一扯，休息個兩秒，再一扯。一隻長約 30 公分的軟蟲子就這樣被他完整無缺地拉出地面。接著就是不忍卒睹的分屍慘狀了。

在青山溫泉往上游些還有一道飛瀑，**轟轟**作響的聲音在耳邊沒停過。他的姿態瘦削洗鍊，和北宋范寬著名的「谿山行旅圖」畫面右邊從崢嶸大山石上懸垂而下的絲瀑有幾分神似。只不過 2015 年夏季電廠修復工程進入尾聲後，青山壩又開始蓄水發電。想要在此享受泡湯賞瀑之樂，恐怕是再也沒機會了。

溫泉自停止蓄水的青山壩底左方擋土牆間湧流而出

位置：臺中市和平區
TW67 X:265502 Y:2683232
抵達難易度：中
型態：未開發溫泉區
泉質：鹼性碳酸氫鈉泉
pH 值：8.52
溫度：攝氏 56 度

1	2
3	4
5	

1. 自青山壩頂俯瞰登仙峽。登仙峽是指德基西側一帶的大甲溪溪谷，由日據時期臺中州知事水越幸一在昭和 3 年（1928 年）所命名。原本在畫面溪谷中段（成三隧道下方）有德基溫泉冒湧，然而 921 地震後便消逝無蹤。

2. 青山溫泉自擋土牆間湧出後在水泥凹槽間蓄積成一池暖湯

3. 溫泉泉源處的絲狀菌類

4. 佳陽沖積扇是高山間難得的良田美地

5. 青山壩前溪裏的蛤蜊殼

18 萬大南溪

奮力勤挖，就是要泡到這溫泉

秋冬之交提到賞楓，奧萬大國家森林遊樂區總是在口袋名單內。那片夾在萬大北溪及萬大南溪匯流處，三角河階地上的原生楓香林，多年來以其耀眼橙紅持續吸引無數遊客到此感受明亮的北國風情。只是楓林區在 2008 年被颱風暴雨衝來的溪砂侵入後就關閉至今，觀光客無法漫步於沙沙聲響的林間，感受風起葉落的浪漫，僅僅能從奧萬大吊橋上遠窺誘人的紅葉景緻，聊勝於無。

至於奧萬大這裏還擁有豐富的溫泉資源，恐怕知道的人就不多了。過往在萬大北溪、南溪以及匯流處，共有三處溫泉。然而歷經屢次的颱風大水，元氣大傷，目前暫時以萬大南溪泉源較為穩定。這個溫泉我到過兩次。頭一回是利用元旦假期，連同萬大北溪溫泉一併探訪，第二次則是摸清底細後，應朋友之請帶大家去玩。

奧萬大楓林

奧萬大紅葉

自楓林區開始溯行萬大南溪，沒幾步之遙便是峽谷地形，走來頗有陶淵明《桃花源記》裏「緣溪行，忘路之遠近」的神祕感。湍急的冰涼溪水收束在狹窄的水道中，四處水花飛濺。很難想像，就在這段緊迫彎曲的河道上游，溪谷竟是寬廣開闊的。每當颱風暴雨大量夾帶巨石的渾黃泥水自上游滾滾衝下，硬被這段峽谷攔阻後，從而累積出更懾人的暴發力，一股作氣將砂石全給推向下游，輕而易舉地將奧萬大壩填平，使得該壩不得不於 2008 年宣告廢棄。

峽谷真得縮到了個極致，兩側滑溜的石壁陡直向上，除了硬著頭皮跨進水中逆流前行，也沒別的選擇，頗有不入虎穴焉得虎子之感。想一探萬大南溪溫泉，也就僅能趁著冬季枯水期前往才有機會。豐水季節別說想突破這類似遊樂場裏滑水道的地形了，連溫泉自個兒都淹沒在滔滔泥水中。總有朋友皺著眉頭問說：「大冷天的，穿羽絨外套都還不免縮頸搓手，泡在冰水裏溯溪？瘋了不成？」其實走在溪床不免跳上躍下，渾身暖得幾乎會流汗，這時即使半身都浸到水中了，感覺反倒是舒服暢快的。

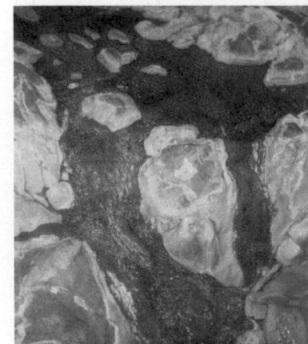

1. 萬大南溪前進

2.3. 萬大南溪溫泉其中一股泉源自岩洞間湧出

水盡疑無路

喜歡登山的人一定都曾有這樣的心情，迢迢山徑蜿蜒在前方，既陡又滑的，肩膀已經給背包壓得發麻了，而山頂目的地還不知要走多久呢！想到回程還得再經過相同的路，心底就不免犯嘀咕：假日好好地待在家中配飲料看電視不是很舒服？幹嘛自找麻煩尋苦吃啊？溯溪時遇到這種激流時，心情同樣沮喪。畢竟並非專業的溯溪攻擊手，缺乏各式各樣突破困難地形的工具裝備。當受能力所限只能撤退時，那種不甘願的低潮真是讓人難以忍受。初見萬大南溪水盡疑無路的河道急彎地形時也不免一驚！眼前就已經無立足之境了，即使僥倖搶過，後頭接著又會是什麼樣的挑戰呢？到底有沒有機會一親溫泉的芳澤？

總算是老天保佑，伸腳進水探探，溪底竟有塊凸起的大石，踏在其上，身形立刻高出半截。我雙手扶著石壁一拐，也就翻過這道水灣了。在與急湍地形奮戰之際，心只專注於當下，小心感受腳下溪床滑溜程度，隱隱用著力，抵抗奔騰傾瀉的流速。而事過境遷，回頭一望，才發現倒也走了那麼曲折美麗的一段。

1. 2. 萬大南溪溯行
3. 萬大南溪溫泉池

頭一次來，萬大南溪溫泉主要的湧水口位置特殊，是位在臨溪的山壁洞中。洞深約 4
公尺，高約 1.5 公尺，因為熱蒸氣騰升積聚在頂壁，進洞迎面便是一陣溫暖潮溼。我
想在嚴寒隆冬中應該會有受凍的小動物跑進這兒來取暖吧？只是熱水流出洞口後直
洩入湍流裏，根本無法築池泡湯。第二次舊地重遊，溫泉水量卻又大減，只剩岩隙
間微微汨著涓流，連前次看到的洞穴也被埋沒在砂堆之下，心情不免失望低落。虧
得同行的一位朋友非常有毅力，在砂灘間仔細蒐尋，摸著一絲熱源後拚命往下挖。
有志者事竟成，一池雖然混了泥卻十分舒適的溫泉就出現了。真是該感謝他，讓大
夥順利盡興地泡了個好湯，也讓我這個領隊不至於出醜。

位置：南投縣仁愛鄉春陽村
TW67 X:269285 Y:2648682
抵達難易度：中
型態：未開發溫泉區
泉質：中性碳酸氫鈉泉
pH 值：7.00
溫度：攝氏 71 度

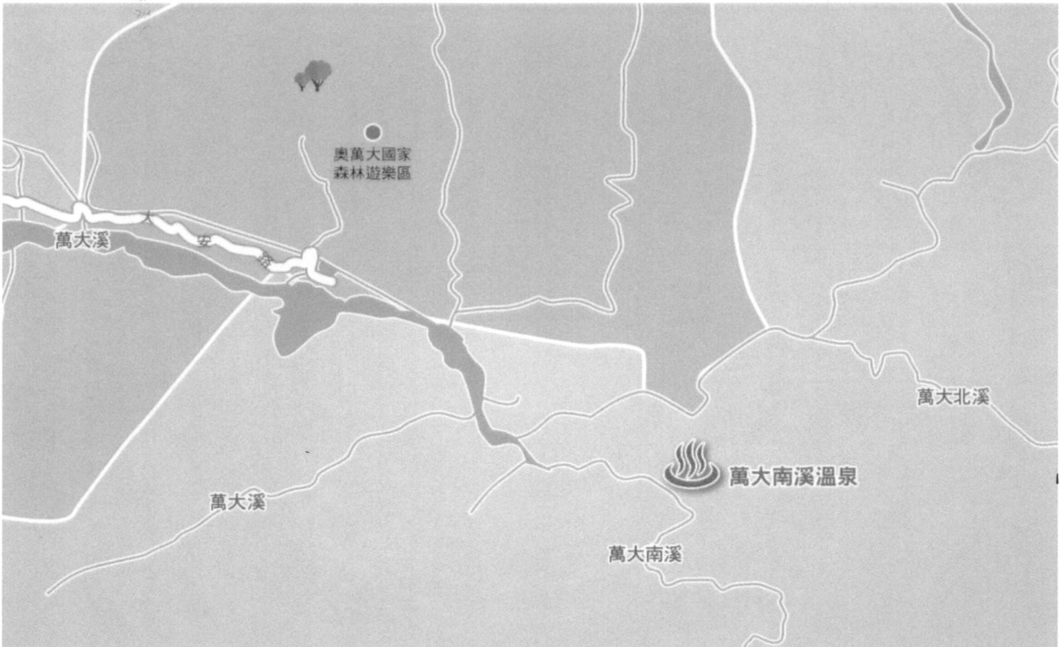

萬大南溪

奧萬大國家
森林遊樂區

萬大溪　安

萬大北溪

♨ 萬大南溪溫泉

萬大溪

萬大南溪

19 廬山

飽受大自然變動威脅的溫泉勝地

廬山溫泉位於南投縣仁愛鄉。車行經霧社後取右道台14線，循濁水溪向東蜿蜒曲折而上，路過春陽溫泉，行到盡頭便抵達了塔羅灣溪及馬海僕溪匯流處的溫泉區。在溫泉區上方，馬海僕溪旁的臺地是原本賽德克族人的「馬赫坡社」（馬海僕＝馬赫坡），那便是霧社事件中英雄人物「莫那魯道」的居住地。

廬山溫泉海拔1000多公尺，其東臨能高群峰，北接合歡群峰，南又有卓社大山，四面高山環踞，氣象萬千。相傳古時原住民在獵鹿時，發現生病受傷的鹿在這兒的溫泉塘洗浴而得以痊癒，於是紛紛仿傚浸泡，屢試不爽，溫泉的名聲也因而傳開。

在《仁愛鄉誌》中也有如下的記載「今廬山溫泉鐵線橋段，昔日為馬赫坡(Mahebo)族人的天然浴場，也由於擁有如此得天獨厚條件，使得馬赫坡人勤於泡溫泉洗澡，特別是馬赫坡的女性居民們，外出耕作前都會先攜帶換洗衣物，待收工時，先到溪邊的天然溫泉沐浴後再返家，這樣養成的生活作息，常讓出嫁到其他部落的馬赫坡女子感到不便，因為其他的部落，可能無法提供如此優渥的天然資源，還有馬赫坡的孩童們，將天然的溫泉溪流當作嬉戲玩樂的天堂。」（沈明仁總編纂，〈村史采風篇〉《仁愛鄉誌》）。

在1930年臺灣總督府中央研究所刊行的《臺灣の鑛泉》一書地圖中可見到在霧社附近的濁水溪有兩處溫泉，一是在較下游的「櫻溫泉」，就是現在的春陽溫泉，另一個便是「マヘボ（馬赫坡）」溫泉。依此可知最遲在1930年，日人就已經知道了廬山溫泉，只是並沒有像較靠近霧社的春陽溫泉一樣開發。而且，中間又隔了一件震驚臺日的大事，「霧社事件」(1930)。可能是基於這原因，即使是1934年發行的《臺灣鐵道旅行案內》中標明了櫻溫泉，卻仍未介紹當時的馬赫坡溫泉。

事件過後，馬赫坡社人民被迫遷至川中島（今仁愛鄉清流部落），而土魯群坡瑤社居民則被遷居至此。因此地東南方的馬海僕富士山狀似富士山，馬赫坡社便被

位置：南投縣仁愛鄉精英村
TW67 X:268009 Y:2657662
抵達難易度：易
型態：已開發溫泉區
泉質：鹼性碳酸氫鈉泉
pH 值：8.45
溫度：攝氏 92 度

改名為富士社。溫泉名也跟著變成「富士溫泉」。日人對這另稱『鴿澤溫泉』，「鴿澤」兩字由來還待考證，該不會當初見著鴿子在這泡熱水吧？

一直到了 1942 年 10 月 9 日，能高郡警察課課長「豐福安」到廬山一帶巡視，他對這個溫泉極為賞識，回去後便商請埔里鎮士紳及霧社臺電工程人員一起前往探勘，並決定予以開發。次年（1943）4 月才首次在此建築「警察招待所」，為二間日式平房，並有一大浴池，專供警員使用。

由於開發之際已近太平洋戰爭結束，因此在日據時期的各項資料中不易查到這個溫泉的紀錄。所幸當時第六任的埔里街長「渡邊誠之進」，為這段典故特地立了一塊碑：「富士溫泉開設由來之記」，見證了此段歷史。這碑並不顯眼，不過仍置於區內步道旁的警光亭前，仔細找一下就可發現。

在溫泉開發之初，臺灣大學前身臺北帝大醫學部教授「濱田藤一郎」曾對廬山溫泉的水質做過分析。他認為該溫泉含高濃度的碳酸氫鈉成分，外浴可治神經痛，關節炎，內飲適量更可調和胃酸，對慢性胃炎、胃潰瘍患者均有裨益，因此可稱得上是臺灣第一泉。只是根據親身蒐集水樣的分析資料結果，其實臺東金崙溫泉才是目前我所見過最濃的碳酸氫鈉溫泉，在身上沖過，那膚觸的滑膩感讓人總疑

廬山最上游的溫泉湧自於塔羅灣溪 180 度大轉彎處 　　　　「富士溫泉開設由來之記」石碑

心沐浴乳沒沖乾淨。此外，宜蘭清水地熱的溫泉，濃度也高於廬山，說廬山是天下第一泉有點名過其實。

臺灣光復後，原本專供日本軍人與警察專用的「警察招待所」對外開放，並於民國 41 年重加整修，今日的警光山莊便是昔日招待所的前身。而在 1945 年蔣公至此視察後，他發現地理環境近似大陸廬山，所以又再度易名為「廬山」，並築有休憩行館。之後廬山溫泉愈來愈有名，成了臺灣的泡湯勝地，一發不可收拾地亂建成一團。不像原住民總選擇遠離溪畔，居住在高高的臺地上，溫泉業者搶著僅有的河邊空隙，成了今日遇大水則淹，又要政府出錢疏浚的局面。

更糟糕的是，位在廬山北側的「母安山」經由監測發現，只要豪雨就有地滑的現象。這由下行到廬山的路面總是持續被扯裂拉張就可以得到明證。雖然目前還沒有大規模的山崩，但總是難保安全，尤其是在現今氣候變異極端的情形下。也因此政府提出了遷移廬山的建議。只是遷村哪是容易的事？有一案是遷到下游的春陽溫泉。但春陽當地的人肯嗎？另一案是移到埔里。但埔里哪有品質好的溫泉？遷到埔里也少了在涼爽山林裏泡湯的意趣。

民國 60 年代，為了發展臺灣地熱資源，工研院曾在這附近一帶做地質調查，也打了幾口地熱井，現在還可以見到二號井的設施。二號井鑽探深度達 501 公尺，泉水溫度約 170 餘度，估計下頭還更熱。邱創淡 1978 在《臺灣礦業》的「臺灣地熱資源的探勘與開發」一文中提到，廬山地區為臺灣第三大地熱區。只是後來因為種種的因素，地熱開發逐漸偃旗息鼓，沉默地暫停了。這井仍持續湧出的高溫熱水，當然就成了附近店家的寶，除了可以泡湯外，也被用以招引客人前來煮蛋。

廬山溫泉區內有不少土產店，賣些自釀的酒、乾香菇、金針和蜂蜜之類，還有些高山水果。比較有特色的則是在吊橋頭的「櫻花麻糬」。這間店從民國五十年代末期就開始在廬山地區販售自製的手工麻糬。當初用小米做成麻糬後，再用櫻花葉加以包裹，所以稱為「櫻花小米麻糬」。這裏的手工麻糬吃起來相當Q，令人一口接一口停不下來，而且口味相當多種，有花生、芝麻、椰子等口味，連當年仍是院長的前總統蔣經國都稱讚好吃！只是現在溫泉遊客不多，店面移到了清境遊客休閒中心。

手上有間過去的舊茅草屋頂土產店照片，照片裏可見到從屋頂向下垂著一個個的塑膠袋，包的或許是乾的香菇？店員向一位穿著大衣的客人努力推銷，而一旁的朋友，手中則已選好要送人的禮物。這樣的小店即使很簡陋，卻透著溫暖，我倒很願意有機會能逛一逛，四處翻翻找找。

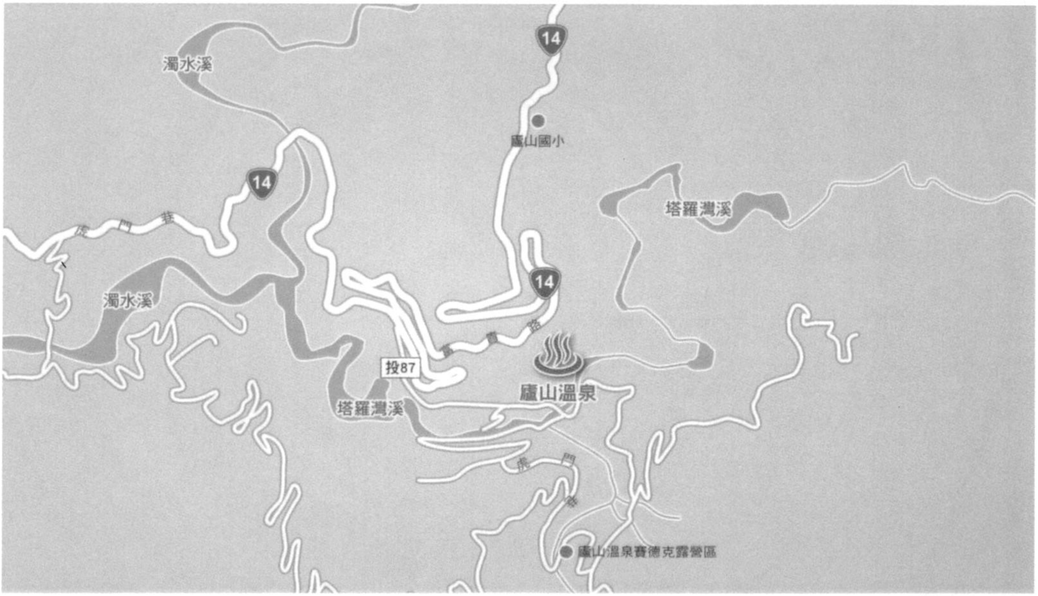

舊時的廬山溫泉土產店

<table>
<tr><td>1</td><td></td></tr>
<tr><td>2</td><td>3</td></tr>
</table>

1. 為了多搶一分可供營業的面積，塔羅灣溪被束水
   如溝，而大水一氾濫，原本的夾擠兩岸平臺建築
   也被掃除，又成了荒地

2. 廬山吊橋串連兩岸的商店旅館區，是遊客們的必經要道

3. 源頭煮蛋是遊客們熱愛的活動

20 精英、雲海

門庭若市的中部溫泉露營美地

盧山溫泉所處的塔羅灣溪上游存在另外兩泓小有名氣的野溪溫泉，其一是吉普車隊喜歡拜訪的「精英溫泉」，隱匿於更上游的則是「雲海溫泉」。或許是由於塔羅灣溪在盧山溫泉之上有幾段溪谷過於峻深，因此倒不曾聽聞有人取道此途上溯。一般都是駕駛四輪傳動車輛，自台 14 線 95.2 公里處右下窄陡的產業道路，一路顛簸約 2.5 公里抵達溪邊的精英溫泉，接著再徒步沿溪溯上雲海溫泉。

這一帶的岩層屬於盧山層，由暗灰色的板岩及厚層的變質砂岩組成。精英溫泉湧自變質砂岩的節理裂縫間，範圍沿塔羅灣溪約綿延百餘公尺。遇上天時地利，僅需稍加施工，寬闊得能容納十數人的原汁好湯也能輕易完成。再加上溫泉週遭的溪床腹地平坦，家當工具即使沉重也能直接用車運抵，果然是非常適宜舉家前來露營，共享天倫的溫泉美地。

只是精英溫泉最擾人的問題也肇因於此。許多家庭一到戶外露營似乎就容易失控，熱絡地高聲招呼、停不下來的嘻笑怒罵，整個溫泉營地幾乎是燈火徹夜通明，甚至於煙花四放。再加上自己到野溪溫泉的初衷就是想要享受被自然包圍的悠閒，若是為了公序良俗一定得穿上束縛泳褲泡湯，接著躺在池裏放眼一望，四周全是五顏六色的帳篷與車子，那可真是讓人無言以對，興致全消了。想要避開精英溫泉的泡湯人潮也只能儘量選擇非假日前往，或是掂掂自己的運氣，算算流年了。

享受精英溫泉同浴的甜情蜜意

所以往往在精英溫泉盤遊一陣後，我便會起身轉往寧靜的雲海溫泉。雲海溫泉自精英溫泉開始上溯約需 1 個小時，較為深遠。塔羅灣溪的集水區不小，大雨過後水勢盛大，而且板岩相對而言較為軟弱，因此有些溪段被侵蝕成深溝狀，望去有些危險。幸虧在一旁岩石裸露處總能找著落腳點或是高繞路徑，一路走來也算不上難。

會使用「雲海」這個名字，是因為溫泉就是位於臺電「雲海保線所」下方的谷地。光復初期臺電考量東部所發的電力尚有餘裕，為使臺灣東西兩區電力能夠匯為整體的電力網，於是在民國 37 年開始建設第一條的東西連絡線（舊東西線）。這條線路西起霧社，經屯原、雲海保線所、天池。越過中央山脈稜線後，東經檜林保線所、奇萊、磐石保線所，一直到銅門，全長約 45 公里。之後因東部用電需求日增，西部電力線路又陸續完成，舊東西線的功能轉而為西電東送，舊東西線因此承擔起調節東西部用電的重責大任。

有的溫泉在地人喜歡取上別名，比如這處於賽德克族聖地的雲海溫泉，不同的湧泉處就曾被稱作「第一祖靈」及「皇帝祖靈」。這些過於強調形容詞或是湯客隨興所至所取的名字含混不清又難記，個人是不太引用，也顧不得取名的優先權了。

塔羅灣溪於雲海溫泉出露的一段同樣屬於峽谷地形，砂石堆積面高低起伏變化每年都不相同，因而溫泉出露的狀態並不穩定，在大約 500 公尺的河道裏都有可能發現滲湧的溫泉。雲海溫泉一般而言較穩定的湧水點有兩處。個人是比較鐘意位於最下游處的溫泉，因為其湧自於一道瀑布下方，泡在池裏還能伴著徐徐微風、潺潺溪聲，欣賞面前絹絲般不絕的下落水簾，不啻是人生一大樂事！而最上游處的露頭水溫則較高，且並非自池底冒湧而是直接由稍高於溪水面的變質砂岩裂隙中湧出流下，因此可以避開翻湧的泥砂，造出清澈清爽的溫泉池來。

記得那時為了搬石頭堆砌池子，我順手將隨身型相機塞進腰間的袋子，卻忘了隨手將拉鍊拉上。來回幾趟，正低身彎腰想將一顆大石放置定位，噗通一聲，相機就直接跌進熱水裏煮啦！還是礦物質濃，導電度高的溫泉！也就此再無法開機，報銷了。得誠實地承認，這還真是我腦海中對雲海溫泉最深最難忘的回憶了！

收束如溝塔羅灣溪

1. 花了些時間整理出來的雲海溫泉上游
   泉源溫泉池
2. 涉渡溪流時必須專心找尋穩定安全的
   踏點
3. 富含鐵離子的地下水沿裂隙滲出後將
   岩壁染棕紅一片
4. 雲海溫泉位於瀑布前的池子

精英溫泉
位置：南投縣仁愛鄉精英村
TW67 X:269227 Y:2658636
抵達難易度：易
型態：未開發溫泉區
泉質：鹼性碳酸氫鈉泉
pH 值：6.98
溫度：攝氏 64 度

雲海溫泉
位置：南投縣仁愛鄉精英村
TW67 X:271490 Y:2658818
抵達難易度：中
型態：未開發溫泉區
泉質：中性碳酸氫鈉泉
pH 值：7.33
溫度：攝氏 81 度

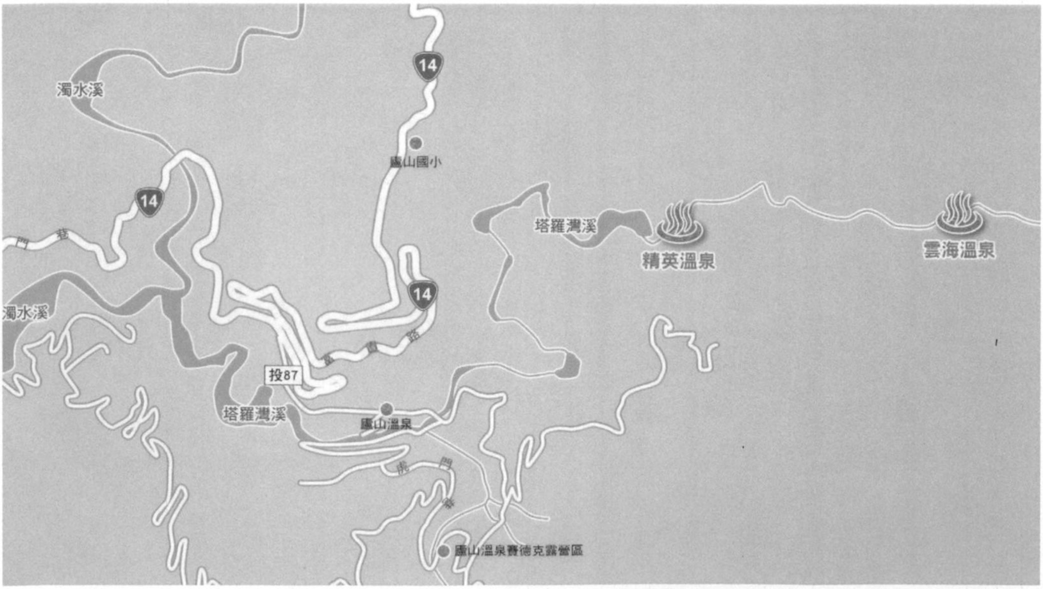

21 樂樂谷

獨樂、眾樂，皆是快樂

南投縣信義鄉的樂樂谷溫泉位於八通關古道下方的陳有蘭溪溪谷中。布農語稱樂樂谷一帶為「dah-dah」，「dah-dah」既是指動物以舌頭舔食，同時也是溫泉之意。溫泉因含有豐富的礦物質，我的確常常看到些哺乳動物，像是水鹿、山羌，在泉源處舔食呢！想必世居此地的布農族早早便留意到這裏的暖湯，也敏銳地觀察到動物們利用溫泉的習性了。

陳有蘭溪綿延約 42 公里，是濁水溪最長的一條支流，其沿著陳有蘭溪斷層發育，因此兩岸多崩坍地形，溪水含砂量高。呈東南 - 西北向的陳有蘭溪向源侵蝕作用亦是十分劇烈，在發源處形成了落差達 500 多公尺的金門峒斷崖，斷崖的南側一面則是屬於荖濃溪流域。受陳有蘭溪向南快速推進的侵蝕力影響，金門峒這一分水嶺在不久的將來便會被截斷，屆時分水嶺後方由玉山主峰至八通關這一段呈東西向的荖濃溪河道便會改與陳有蘭溪相通，落在此區的降雨出海處也從原本的屏東東港改到雲林大城，完成地理學上有趣的河川襲奪現象。

多年之前在樂樂谷溫泉旁原本有間古道山莊經營，提供旅客簡單的食宿及泡湯設備。只是 1985 年玉山國家公園成立後，樂樂谷溫泉一帶被劃設成生態保護區，為了避免對當地生態及景觀造成破壞，古道山莊被迫拆除，如今就只剩些殘破的遺跡。值得高興的是樂樂谷恢復最初的自然原始，成為獼猴、山羌、小鳥等動物的天堂樂園，但遊客也因此需向國家公園申請才能進入本區。

離樂樂谷溫泉最近的布農族東光部落同樣被劃在玉山國家公園範圍內。東光部落曾經積極爭取牽引樂樂溫泉水使用，然而國家公園在經由委辦專業單位研究後，認為因管線距離過長保溫困難，加上源頭地質又不穩，每次颱風季後往往地貌便有相當大的改變，溫泉取水設施的維護將所費不貲，因此並未執行。其實我個人認為還是應該要考量部落的舊有權利，即使不便開發，也該讓居民能成立相關的營利領隊制度，在安全且不破壞環境的前提下，帶領遊客進去溫泉一帶參觀露營才是，畢竟獨樂樂不如眾樂樂。

一般要拜訪樂樂谷溫泉需先到東埔溫泉，穿過溫泉旅館林立的街道及東埔橋，抵達「八通關日治越嶺古道」西段登山口。進入古道後，會先通過驚險的「父子斷崖（東埔斷崖）」。此斷崖是沙里仙溪斷層的錯動面出露之處，岩體破碎且多落石，地勢非常險惡。過去當地布農族人前往獵場的路徑通過此斷崖，不論晴雨，經過之人都必須小心翼翼的通行，而狩獵回來的獵人隊伍，身上背負著比人還重的獵物，步伐更得要小心。一旦失足，即使是父子也只能眼睜睜看著而無法彼此支援協助，故有此名。

通過父子斷崖不久即可見到有條朝右分出斜下的小徑，並有木製路牌標示樂樂谷。循陡峭的土石路之字形下切，約莫半小時可抵達陳有蘭溪與樂樂溪的交匯處。接著再選擇主流陳有蘭溪朝上溯去，大約 1 小時，即可見到溪谷左方崖壁上湧著溫泉及陣陣地白煙。

樂樂谷溫泉主要露頭分布於溪谷北側岩壁，約五百公尺的範圍內皆可找著溫泉。因為水質富含碳酸氫根離子及鈣離子的緣故，當溫泉水自地底下高壓環境湧出地表後，碳酸鈣就會因為壓力大幅降低而導致溶解度也隨之下降，接著大量自溫泉中沉澱出來，進而在主要的溫泉湧水處形成漂亮的石灰華小地形（碳酸鈣沉澱物），很值得細細觀賞。而樂樂谷的溫泉水量豐沛，有些年甚至還出現溫泉河呢！所以要在此築池泡湯不會是件困難事。

樂樂谷上游河流兩岸有野生愛玉分布，沒機會去找也不要緊，在古道入口旁便有間販售手洗愛玉的「愛玉小站」。真正的愛玉凍裏會有些小氣泡，和一般的愛玉口感也稍有不同。回程時不妨到店裏坐下點碗加了些山粉圓，冰涼爽口的檸檬愛玉，肯定會是旅程一個完美的句點。

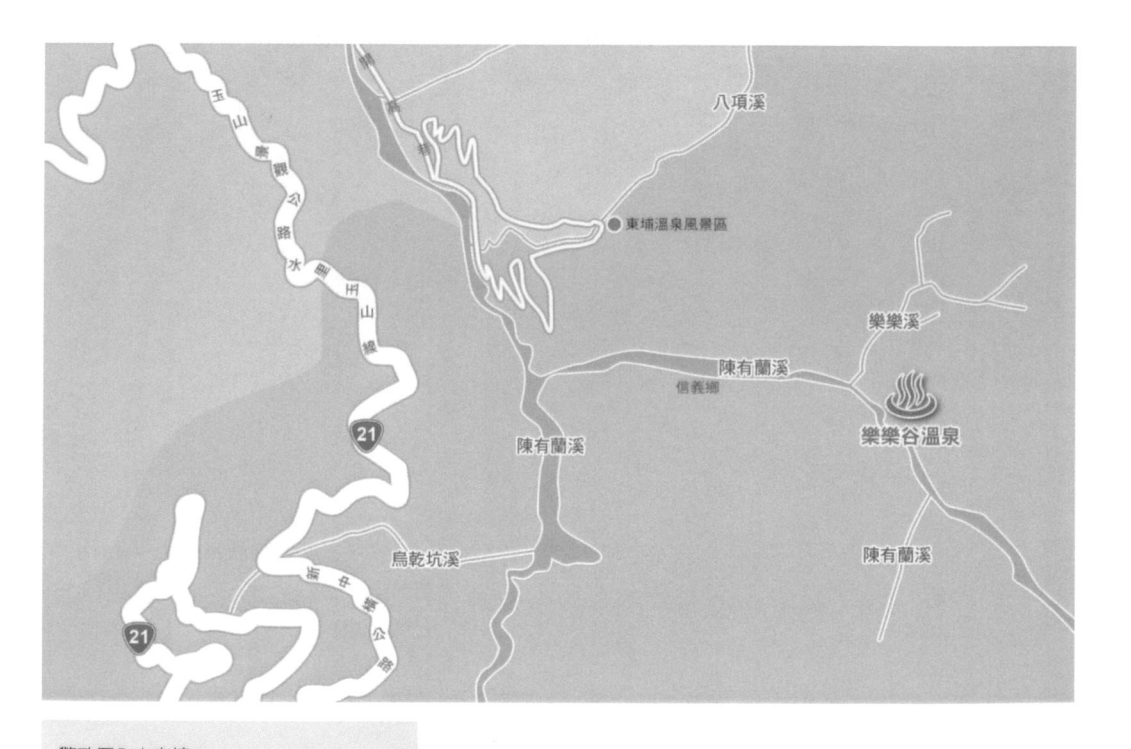

位置：南投縣信義鄉雙龍村
TW67 X:244327 Y:2605085
抵達難易度：中
型態：未開發溫泉區
泉質：中性碳酸氫鈉泉
pH 值：7.42
溫度：攝氏 76 度

步道上的秋涼蕭瑟景色

八項溪

東埔溫泉風景區

玉山景觀公路水里玉山線

樂樂溪

陳有蘭溪

信義鄉

樂樂谷溫泉

21

陳有蘭溪

陳有蘭溪

新中橫公路

烏乾坑溪

21

警政署入山申請：
https://nv2.npa.gov.tw/NM103-604Client/

1. 溫泉池

2. 東埔村分為 6 鄰，第一鄰是以布農族為主，被劃在玉山國
   家公園內的東光部落。東光部落曾經爭取奉引樂樂溫泉水使
   用，然而經委辦專業單位研究評估後，國家公園認為因管
   線距離過長保溫困難，加上源頭地質又不穩，預估維護費用
   過高，因此並未執行。

3. 沿著山壁開鑿的羊腸小徑，加裝了欄杆，讓行走的旅人心
   裏多了份踏實感

4. 引用岩壁間流下的豐沛溫泉水築出一個溫馨雙人池

5. 走在沒安裝護欄的懸崖步道上腎上腺素不自主地濃度大增

1	4
2	5
3	

22 伊巴厚

人散屋猶在、松影自徘徊

郡大溪筆直地朝北縱切過南投縣下半部，屬於中臺灣廣闊濁水溪流域裏相當重要的一條支流。其東西兩側分別由高聳的中央山脈以及玉山山脈夾峙，天險自成。多年來這裏因交通不便而恢復成不受人為肆意干擾的自然生態，林相蓊鬱完整，是野生動物自在遨遊的美麗伊甸園。

舊時，郡大溪兩側散居著許多驍勇剽悍的布農族人，而座落於東郡大山塊中段伊巴厚山山腰的伊巴厚社正是其一大根據地。自對岸現已廢棄的人倫林道俯視，可見伊巴厚山向西延展的山稜分成數段平臺，級級降至溪底。其壯盛規模的豪氣，讓人不免遙想當初分層而居的伊巴厚社部落是如何強大，這才有辦法頑強抵擋日人入侵那麼長的一段時日。

以伊巴厚為名的溫泉正式記載最早見於日本學者大江二郎於 1923 年所發表關於臺灣溫泉分布的介紹文章。就臺灣一般溫泉命名的習慣推估，此溫泉應該就位於伊巴厚社旁的郡大溪底，只是其確切的位置與溫泉產狀，文章中卻付之闕如。而光復後走過郡大道路的少數人員，如鄭安睎，雖然特別提到了在伊巴厚社附近有些不能泡的小溫泉，也留下與溫泉合照的身影，可惜同樣並未詳加描述。這個伊巴厚溫泉就像抱著琵琶的倩女，遲遲不肯露面。

1 2
1. 走進郡大林道遇上清水山及金子山連稜間直洩十八重溪的大崩壁，幸虧只需走一小段便可翻過稜線，由十八重溪流域跨至郡大溪流域
2. 自郡大林道翻過稜線後，順利找著另一側的人倫林道路跡

2008 年喜愛山林探險的「貓腿探勘隊」成員們偶然間聽聞當地獵人天花亂墜地提起這處溫泉，忍不住好奇，特地規劃了長天數行程，經由水路一路由北向南艱苦地溯進郡大溪找尋溫泉的影蹤，中間還遇著下大雨溪水暴漲渡不了溪的驚險，不得不暫留受困地。還好皇天不負苦心人，他們最後仍成功找到了伊巴厚溫泉，正式留下了確切紀錄。

2013 年為了能夠避開因郡大溪水位變化過大而造成上溯危險的難題，改採自郡大林道底翻越玉山山脈的清水山與金子山一帶稜線至人倫稜道，再經由伊巴厚社對岸的金子山東稜直下郡大溪溫泉處的新路線。

不過此新路線較大的挑戰是突破由郡大林道越稜線接至人倫林道這一段約 1 公里未知的山林。中興大學登山社在 94 年 10 月的紀錄曾如此描述：「偶遇的原住民說早年林務局曾想打通此二林道，但某次挖土機掉落後，工程旋告停擺…」。因為兩林道間的清水山北鞍受到十八重溪經年累月向源侵蝕，形成綿延約一公里的崩塌地，我在台 21 線陳有蘭溪橋就仰望到那一片光禿禿的山壁，其險惡的確是不容忽視。

而自人倫林道沿金子山東稜下切至郡大溪，坡度實在太過陡峭，又是另一段艱苦的旅程。自海拔 2500 米直下至 1000 米的郡大溪床，重裝之下，對腳力與膝蓋實是一大考驗。尤其是當臨溪僅剩 50 米高度時，大夥已經是筋疲力盡了，還一時找不到適合的地形能夠下攻，尷尬地困在崖上。最後是仔細四方蒐尋，總算發現了水鹿使用的渺渺獸徑，這才小心翼翼地下降，成功抵達河床。

湧自岩壁上的伊巴厚溫泉主露頭　　　　　　　接近郡大溪的稜線陡峭非常

伊巴厚溫泉分布範圍相當廣，由伊巴厚社北方無名溪與郡大溪交匯口往上，約 1 公里的郡大溪右岸都有溫泉湧出，其中又以無名溪附近的溫泉出水量為最大。此處溫泉露頭距河床約 10 米，高達 85℃的泉水汨汨流下，在岩壁積累出成片的乳白色石灰華，而附生的好高溫藻類又將其染上青、紅等色，相當漂亮。湧出的溫泉水先匯成一灘淺澤，旋流降溫後，再瀉下高約三米的岩階。人立階下，正好可藉適溫的原汁溫泉當頭淋浴，可真是一大樂事！

溫泉湧出處上方陡升 100 米有一平坦河階，屬於伊巴厚社中的一處聚居地，階地上處處可見纍疊的石板屋遺跡。自 1934 年部落被遷至現今的羅娜村後，人工栽植的楓香與松樹便逐漸盤踞此處，長得十分高大粗壯，幹圍起碼皆需兩人圈抱。泡完溫泉的我們漫步在舖滿乾黃枯葉的遺址間，讓人不免心生隔世之感。

註：
1. 山塊（Mountain Mass）為山岳界術語，指自主山脈分出，自成一系的山群。東郡大山塊為中央山脈最大的支脈，隔著郡大溪與屬玉山山脈的觀高、郡大、清水等山相對。
2. 由馬西塔崙社沿郡大溪東岸南行的日據警備道路稱為「郡大道路」，可接「丹大道路」。而由馬西塔崙社向北通達觀高的道路則為「中之線」。

位置：南投縣信義鄉東埔村及人和村交界
TW67 X:251102 Y:2618602
抵達難易度：難
型態：未開發溫泉區
泉質：鹼性碳酸氫鈉泉
pH 值：7.96
溫度：攝氏 85 度

警政署入山申請：
https://nv2.npa.gov.tw/NM103-604Client/

1	2	3
4		

1. 十八重溪向源侵蝕作用破壞了郡大林道局部，形成危險的崩壁地形
2. 流經伊巴厚社下方的郡大溪
3. 半途遇上鮮黃滿樹的馬告
4. 伊巴厚溫泉湧泉量豐富

郡大林道上欣賞郡大溪谷的層層朝霧

警政署入山申請：
https://nv2.npa.gov.tw/NM103-604Client/

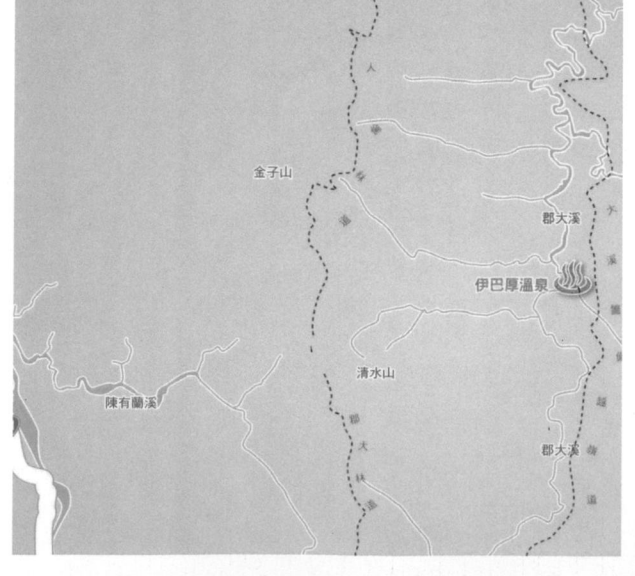

23 加年端

遠離塵囂的秘境溫泉

丹大溪穿流於南投縣中央山脈深處，憑藉山高潭深的天險環護，這片流域成為布農族先祖遺世獨居的樂土。西元1887年，在沈葆楨對臺採取「開山撫番」的政策方針下，巡道陳鳴志等著手闢築西起拔社埔（今南投水里鄉民和村），東至拔仔庄（花蓮瑞穗鄉富源村），沿丹大溪北岸橫貫中央山脈的「集集、水尾道路」（今關門古道），正式敲開了這片神聖的土地。隨後日本政府也續修古道以進一步箝制驃悍的布農族行動，更於昭和年間實行「集團移住」政策，強制族人遷移至靠近平原的丘陵地。自此，位處深山的丹大流域便成了永遠令布農族子孫魂牽的美麗故鄉。

翻閱民國80年臺大登山社的登山紀錄「布農族舊部暨日議橫斷鐵路探尋」，其內記載曾聽布農族人提及在加年端舊部落一帶的河床有溫泉冒湧，甚至以「溫泉瀑布」形容。只是附近清朝所闢建的東西向「關門古道」與日據時期所修築的南北向「中之線警備道」剛好都避過此段溪流，加上丹大溪於此間呈窄迫的峽谷地形，水勢湍急幾無踏腳處，自下游溯行而上有其困難度，所以加年端溫泉見諸文獻的記載與內容便也乏善可陳。

二十公尺崖壁上已經乾枯的湧泉舊址

過去在丹大林道尚對外開放的年代，欲前往紀錄中的加年端溫泉主要是取徑林務局三分所檢查站後方的中之線古道，沿陡坡下至丹大溪的廢流籠頭（落差約600公尺）後，由此再往上游溯行約1.5公里，抵達峽谷口的舊溫泉露頭。在可查找的報導中，出露於此的加年端溫泉是一處水量小，泉溫也僅約45℃的低溫溫泉。

2014有個平安無大颱侵襲的夏秋，進到2015春雨卻也有樣學樣，遲遲不肯落下。全臺的大旱成了新聞的頭條，水庫見底的畫面在電視裏返覆播送著，恐嚇平常揮霍用水慣了的普羅大眾。而這對喜歡溯溪找溫泉的我來說，卻是提供了苦中作樂的機會。有多少平時得拚力搏水而上的大溪少了急流環護，頓時改頭換面成了平易近人的小菜。

有群朋友成功地先利用丹大林道進入丹大溫泉，再沿著丹大溪一路下行走出孫海橋。他們發現原來在加年端社一帶約5公里長的溪床上還有很多不曾在文獻上正式報導過的溫泉露頭，加年端溫泉絕不止是這十幾年來所知那道在峽谷口小小的岩壁湧泉而已。這一新的發現激發了我對加年端溫泉的興趣！

我們選擇水進，一路自孫海橋溯行而上。在進到丹大林道三分所前的這一段丹大溪谷有時娟秀平靜，是小家碧玉，轉過個彎，卻又變幻成落石禿壁的蒼茫景致呈現眼前，真叫人難以相信這竟是同一條溪流。愈往上游走，溪流愈束愈窄，涉渡自然也得加倍花費氣力。是心底存著溫泉就在前頭的信念才支持著我們繼續大步向前。就這麼行走了4個小時後我們先抵達三分所下的河谷，那也有處小溫泉，不少四輪車隊會來這露營。我們繼續再推進1小時，來到一段頗長的峽谷地形前。在谷口可見一道五彩的岩壁，是由板岩裂隙湧出的溫泉水沉澱出各式礦物質與滋養不同菌類累積而成，這裏便是過去所認定的加年端溫泉的點位。其實這處小泉眼，只是加年端溫泉的前菜而已。

位置：南投縣信義鄉地利村及雙龍村交界
TW67 X:256305 Y:2627094
抵達難易度：難
型態：未開發溫泉區
泉質：中性碳酸氫鈉泉
pH值：7.02
溫度：攝氏86度

峽谷裏一整片五彩紛呈的溫泉壁

當進入峽谷溯行約 300 公尺後，一整面讓人眼睛一亮的溫泉壁便出現在大夥面前。我仔細瀏灠整片斑斕，佈滿各式石灰華的岩壁。此處的泉源離溪床約 10 米高，湧水較豐盛之處往往形成淅淅瀝瀝的溫泉鐘乳石景觀。她們的生命週期應該不長，寬度不過十餘米的峽谷在夏季爆發大水時，挾帶大小石塊的洪流肯定漲得老高，將之摧毀殆盡。

我們在這一大片的溫泉岩壁前佇足良久，因為她實在太美麗了，是一幅大自然的抽象畫傑作，從每一個角度，每一處角落都能欣賞到不同的美感。只不過，這裏也是危險的，山壁自我們面前以內凹的型式延展而上，覆蓋頭頂。砂地上，還有破裂面尖銳的一小堆落石，顯然是才落下不久。

然而過了岩壁，才是真正擔心的開始，因為面前的河谷兩壁間距不過 5、6 公尺，完全就是收束如溝，即便已經知道前一週有人突破，心底仍是不免忐忑。我們群聚在一塊，互相確保，先由腳力水性較佳的友人面對急流，側身靠著岩壁彼此支援摸索前進，到上游安全處再放繩下來讓其他隊員拉著突破難關。雖然拉著繩子，那水流的力道仍是非常地強勁，尤其是在水及下胸的最深處，正面的衝擊力直將身子與背包往後扯，我是拚了雙手的力氣，死命地一圈圈勾纏浮水繩將自己往上送，好不容易才脫離惡水的束縛。

過了最大的難關，續行即便仍是激流處處，不斷往返穿行溪流，心底卻是篤定的，最後總算在下午四點時前進到加年端最主要的溫泉湧冒之地。這裏的湧泉溫度約有 65 度，離溪流約有 70 公尺的距離，高度則約有 12 公尺。站在源頭向下望是一片細砂高灘，接著層層起伏的板岩平臺，再下一階才是丹大溪床，看來是個絕佳的溫泉營地。

我們整平細砂，發現其中果然沒有太多的石塊，躺著舒服。主要是離溫泉池又近！我將帳篷的門口對準了溫泉瀑布跌水處，這樣醒來，一拉開帳門就能欣賞到騰騰冒煙的加年端溫泉！另一個好處是，四週的柴薪很多，營火要燒整夜，連燒幾晚，不成問題。

1. 丹大溪谷沿岸崩坍處處，是濁水溪泥沙的重要來源之一

2. 丹大溪溪水流量盛大，涉渡有時得開繩，以免被強勁的水流擊倒

3. 築池泡湯

加外溫泉

三分所

加年端社

郡大溪

廢流籠

中之端警道

加年端溫泉

丹大溪

郡大溪

丹大溪

郡大溪

郡大溪

丹大

丹大溪

警政署入山申請：
https://nv2.npa.gov.tw/NM103-604Client/

湧自河階岩壁上的加年端溫泉主露頭

24 中崙

命運多舛的溫泉開發地

在 1909 年 10 月 5 日的「漢文臺灣日日新報」上刊登了一則短短的，關於發現「中崙溫泉」的報導，可能算是嘉義中崙溫泉歷史的濫觴。

又一溫泉

「關子嶺溫泉在鹽水港廳，十八重溪東南。文人逸士多聯袂漫游其處者。近羅山中崙庄亦發現壹溫泉。有內地人駒澤氏，擬于四面設置休憩場所，現已稟請當道許可矣。」

中崙溫泉位在嘉義縣中埔鄉，是嘉義縣境內唯一的溫泉，不過其和臺南關仔嶺溫泉相距不遠，湧出來的也同樣都屬於泥漿泉。女生應該很愛這種號稱可以美容的溫泉吧！我常常想著，泡完泥漿泉感覺皮膚光滑，會不會就只是因為粗大的毛細孔都被泥粒填滿所造成的假象？

中崙溫泉的位置較為奇怪，並不像一般溫泉是湧自山谷最低的溪床處，而是自離溪水面甚高的一片光禿山壁（望猴崖）趾部冒出來，而且是富含氯離子及鈉離子，嚐起來帶著鹹味的泥漿泉。一般說來當地底下有大量尚未完全固化的泥質砂岩受到大地應力擠壓，其中所埋藏的原生水（古海水）便會在受壓後混合少量滲進地底的雨水，沿斷層等裂隙湧出於較高之處而形成泥漿泉。

嘉義縣政府早於民國 74 年間便頒布總面積達上百公頃的中崙溫泉風景特定區計畫案，作為開發中崙溫泉依據，只可惜礙於經費一直並未實質進行開發。另一方

面，原本的泉源細泥含量實在太高，水量也不豐，使用維護上相當不方便。有可能是這個原因，當 2003 年我經過中崙時，連舊有的溫泉浴室似乎都已經好一陣子沒使用了，大門深鎖，一片蕭條，因此也沒有機會拍攝到內部情況。

為了解決此問題並發展中崙溫泉，2003 年起交通部開始補助探勘評估工作，先後於附近進行了三處的溫泉井鑽探作業，並於 2006 年完成多項公共設施工程後租給民間經營。承租者在次年大年初一至初五首次開放戶外湯池供民眾試泡後果然一炮而紅，大獲成功。

只是這些溫泉井的水量水溫仍是不足以支應當地的溫泉產業聚落發展前景，因此嘉義縣府持續於當地探勘溫泉，成功於 2009 年 3 月再度於中崙國小舊址開鑿出每天出水可達 1,000 噸的溫泉井。可是這豐富的水量卻又過猶不及，考量需求量沒那麼多，縣府只好暫時將井口封閉。不過溫泉井在高壓氣體的擠壓下，每日仍有約 200 噸的泥漿溫泉溢流進入沄水溪，造成下游村民洗濯、農業灌溉的不便，衍生民怨。

縣政府後來為消弭爭端，也是考量中崙溫泉區尚未開發，忍痛把溫泉井含週邊溢流口全部灌漿封閉，以期解決泉泥滲漏，並減輕溫泉井溢流對野溪生態環境衝擊。不料，同年 8 月的 88 水災重創臺灣，中崙也無法倖免於難，這口井及週邊水泥構造物都遭土石流沖毀，大量的泥漿溫泉水再度源源不絕地從井口溢流，就連柏油路面與河道間竟然也噴出泥漿來，讓沄水溪長期處於混濁狀態。

既然原本所規劃位於中崙國小舊址的溫泉專用區預定地被土石覆蓋，安全性堪虞，以該專用區為中心的中崙溫泉開發計畫案便再無開發價值，縣府最後只好決定暫停推動。另外為了解決溫泉溢流目題，後來縣府施設引道，暫時將溫泉水排放到野溪，只是效果有限。

2010 年底又改採專家建議，在溫泉井旁開挖大型沉澱池，減緩溫泉水污染野溪。當時的新聞指出縣府透過沉澱池收集溫泉水、泥漿，正研擬以其為原料，開發生技美容用品，不過後來便也沒了下文，不了了之。綜觀來看，中崙溫泉的開發，還真得是好事多磨、命運多舛啊！

中崙舊的公共溫泉浴室

現在到中崙溫泉就只能選擇一旁的民宿泡湯了，不過可順道探訪附近的大小濁水潭。大小濁水潭是自然湧出的泥漿露頭，雖然水量不多，溫度也達不到溫泉標準，但仍為特殊的地質現象，可供做為生態教育，環境解說的教材。據先前中崙國小的校長描述，在 921 大地震前一天他發現從濁水潭流下的水越來越大，根據多年觀察心得，他只當是天氣要變了，沒想到半夜果然發生了天搖地動的大地震。

中崙溫泉目前仍有間「中崙溫泉民宿」營運，院子有個仍持續冒氣湧水的
中油過往鑽井遺跡

1. 水災之後泥漿水自破損的路面湧出
   （張碩芳攝）
2. 中崙溫泉的露頭是位於山壁下的自
   湧泥漿泉
3. 中崙公園對側已經沒有在使用的溫
   泉井，每隔幾分鐘仍會自湧一次

<table>
<tr><td>1</td><td>2</td></tr>
<tr><td>3</td><td></td></tr>
</table>

小濁水潭

遊人進入大濁水潭裏浸

2006 年所整理並曾委外短暫經營過的
溫泉泡湯區

位置：嘉義縣中埔鄉中崙村
TW67 X:204051 Y:2585183
抵達難易度：易
型態：未開發溫泉區
泉質：鹼性氯化物泥漿泉
pH 值：8.3
溫度：攝氏 52 度

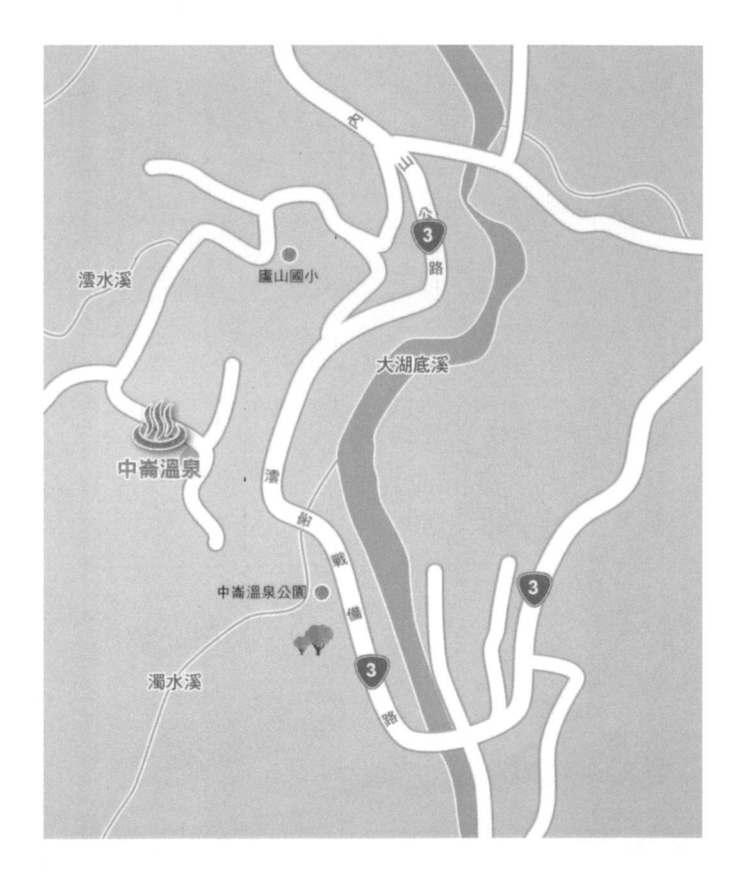

25 關子嶺

神火靈泉久擅名，關花嶺蝶亦多情

關子嶺溫泉夙富盛名，日據期間便已開發完善，當時與北投、陽明山及四重溪並列為臺灣四大溫泉。關子嶺最獨具，最讓遊人印象深刻的特色便是泉水屬於混濁的泥漿，將食指伸入水面輕劃便能漾起浮盪的細泥，圈出流動的紋樣。而掬起溫泉湊近鼻頭更可嗅到淡淡的煤炭及硫黃味，一股來自地底深處的氣息。

關子嶺的溫泉湧水口主要有兩處，一在警光山莊南側，另一處則在火王爺廟下方的崖壁，泉溫介於攝氏 75 至 80 度之間。一般店家都會宣傳浸泡這種帶鹹味的泥漿泉對皮膚、風濕、關節炎與胃腸方面的疾病具有舒緩效果。此外，不同於一般泥巴塗抹後的乾澀感，關子嶺泥漿質地細滑，浸泡後肌膚會顯得紅嫩光澤。

關子嶺四周有枕頭山、虎頭山等群峰環抱，日據時期一棟棟日式風情的建築錯落有致地安身於山谷河階上，天然綠意與匠師工藝，合組成讓人流連忘返的美麗溫泉鄉。可惜後來接手的臺灣人不僅素養不足，缺乏統一建築語彙，更放棄了傳統對空間留白的尊重，以致於現在的關子嶺風格混雜，環境窄迫，實在很難讓到訪遊客留下深刻的好印象。

目前關子嶺一帶留下的日式建物並不多，狀況不佳，任由歲月磨蝕。「關子嶺大旅社」算是其中碩果僅存者之一。現今關子嶺大旅社保存下日式構件最好的部份是做為後門使用的舊大門，此外還有石塊堆疊的駁坎、庭池與一棟擁有榻榻米與拉門房間的木造樓房，風韻猶存。雖然老闆並未放太多心在經營，不過想試試日式風情住宿體驗與享受原汁原味不滲水的正港泥漿泉的朋友，建

關子嶺大旅社朝向老街開啟的木造日式大門

議仍是可花些小錢來住宿泡湯。若是泡完湯饑腸轆轆想吃野菜山產,對街門口紅燈籠搖曳的龍泉食堂是不錯的實惠選擇。

「關子嶺大旅社」原來是 1905 年(明治 38 年)日人關口氏所創設的「龍田屋」。「龍田屋」擁有庭園、蒸氣室以及撞球臺,為當時最豪華的旅社。不過,那時的龍田屋自身並無浴室,而是與一旁的「吉田屋」共同闢建外浴室。

1912 年,臺灣總督府基於「馴化臺人入浴之習,養成個人衛生觀念」的理念,補助全臺主要溫泉區興建對一般民眾開放的公共浴場。當時關子嶺溫泉區內雖有「吉田屋」與「龍田屋」兩家旅館,但浴槽設備不完備,傳出男女混浴情事,造成風紀上的疑慮,於是嘉義廳決定以公共衛生費 6077 圓 76 錢設立公共浴場,並以石材分設男女浴槽。

關子嶺公共浴場自 1913 年 5 月開始興建,同年 11 月完工。當時一般日本人於全臺灣各地所建置的溫泉公共浴場尚允許日本人使用,唯有關子嶺溫泉的公共浴池分成特湯、上湯與竝湯三個等級,而竝湯允許臺灣人使用(仍須先洗浴清潔檢查後才可泡浴)。這主要是由於當地日本人將山上林產物資送到白河交易時需要臺灣人的協助,為籠絡當地人,所以提供些特殊福利。

依據一張日人繪於 1933 年的「新高山阿里山導覽」圖來看,可以知道整個關子嶺發展已經大致完備了,溫泉區最下方的療養所「暢神庵」(現在的警光山莊)也完工。1933 年日本皇族伏見宮博英王到訪關子嶺,他是下榻於 1914 年為了招待達官顯要所建的「聽水庵」。值得一提的是,為了迎接其到來,關子嶺特地裝設了電燈線路。當地人也因此認為關子嶺雖然位於山區,卻比當時的臺南許多地方還要進步。且因為當時電費是以燈泡個數計算,所以溫泉區往往整夜都亮著燈。後來在 1964 年發生了白河大地震,關子嶺溫泉泉源受到短暫影響,聽水庵也因而倒塌。

關子嶺另一個著名的地標是「好漢坡」。好漢坡是指舊關嶺國小下方山坡上的階梯,原名「男之坡」或「三百段石階」,是日本人為了傷兵復健而建,只是

還沒查到是在何年所建成。昔日住在嶺頂的居民都以此作為到溫泉區買賣的主要通道。石梯原有 323 階，因 175 縣道拓寬，下層數十階被拆毀，現只剩 234 階。由於階梯陡且多，登頂吃力，故稱「好漢坡」。在階梯下方有塊石碑，上頭所刻的「好漢坡」三字是民國 40 年代省議員黃朝琴所題。黃朝琴有個妹妹叫黃金川，才華洋溢，刊印了《金川詩草》一書。她曾做「重游關子嶺溫泉」七律 2 首，其一為：「神火靈泉久擅名，關花嶺蝶亦多情。移開雲腳千林現，瘦盡山谷一鳥鳴。芳草獨留新歲色，清流常作舊時聲。黃昏浴罷閒無事，靜對遙峰寫晚晴。」真是寫活了關子嶺泡湯的悠閒情致。

132

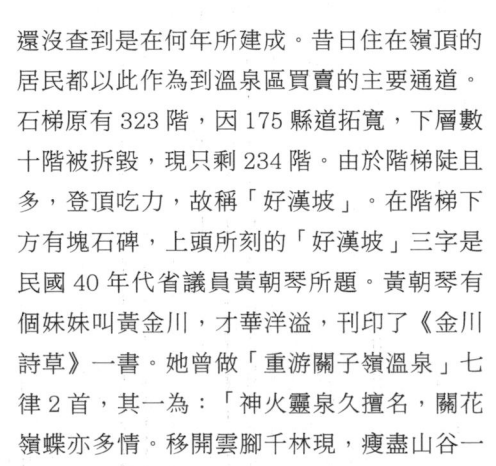

位置：臺南市白河區關嶺里
TW67 X:198464 Y:2582183
抵達難易度：易
型態：已開發溫泉區
泉質：鹼性碳酸氫鈉 - 氯化物泉
pH 值：7.9
溫度：攝氏 69 度

1. 現今好漢坡兩側增添不搭調的水泥仿竹木護欄
2. 在關子嶺溫泉源頭處淘泥整理的工作人員
3. 關子嶺溫泉露頭之一「靈泉」仿舊再生

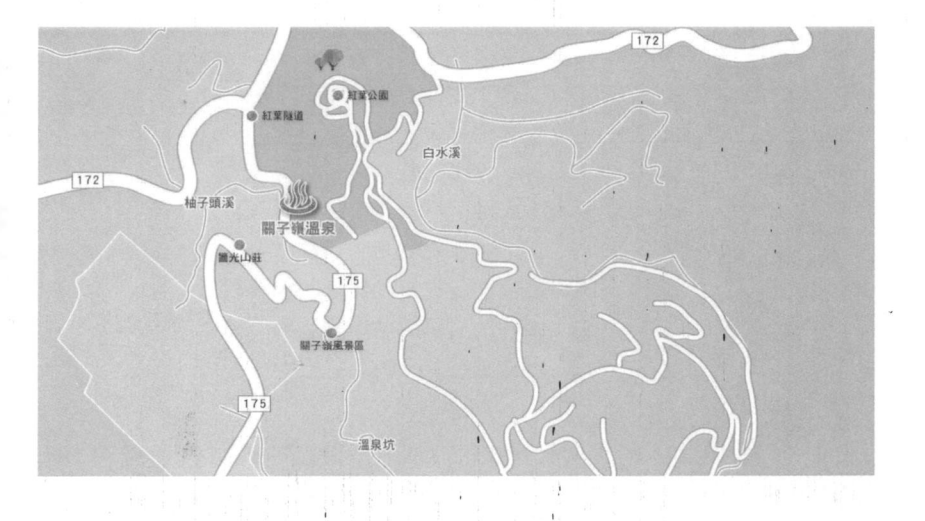

關子嶺老街上的龍泉食堂經濟實惠，泡完溫泉可以選擇此處打牙祭

水火同源

地址：臺南市白河區關仔嶺風景區內

交通方式：由中山高新營交流道下轉縣道 172，於仙草埔右側環山道，
先到大仙寺，然後至碧雲寺，再往前即為水火同源。

「水火同源」位於枕頭山麓西南側，又名水火洞，自石壁上
冒出的天然氣點火之後紅色焰光閃搖不滅，同時又有泉水從
崖壁細縫中潺潺流出，形成水中有火，火中有水的特殊景
觀。「水火同源」很早就經文人記載，康熙、雍正朝的藍鼎
元（1680-1733）所著的《東征集》就曾經描述水火同源如下：
「小山屹然，下有石罅，流泉滾滾亂石間，火出水中，無煙
而有焰，燄騰騰高三、四尺，晝夜皆然。試以草木投其中，
則煙頓起，焰益烈，頃刻之間，所投皆為灰燼矣。…」

26 七坑、十坑

緬懷寶來溪上的溫泉瀑布兄弟

將「溫泉溪」這名號封給寶來溪真可謂當之無愧。位於寶來溪匯入荖濃溪前的「寶來溫泉」是處已經過度開發的溫泉區，眾所皆知，那便不用再多做介紹。我們調過頭順著往上游數去，寶來溪畔出露的溫泉還分別有「石洞」、「七坑」、「十坑」、「十二坑」以及「十三坑」等等，真是洋洋灑灑一連串，很多人恐怕是連聽都沒聽過，更別說拜訪了。

為什麼寶來溪上很多的溫泉取名都有個「坑」字呢？有此一說：寶來溪支流多，為了稱呼方便，當地人稱第七條支流小溪叫七溪，第十條支流就是十溪，依此類推。因為「溪」的臺語發音近似於國語的「坑」字，所以「七溪」化做文字記載就寫成了「七坑」，而湧自於左近的溫泉便也被稱為「七坑溫泉」。只是我翻閱地圖，總也搞不清到底哪條溪水才得了列，哪條支流又不能算數，反正就當做趣聞，姑且聽之。

其中七坑與十坑溫泉過去都是以氣勢豪邁的垂簾瀑布之姿出現，深獲野溪溫泉愛好者的青睞，一到假日總是吸引眾多四輪越野車匯聚露營，七坑還曾被業者圈圍營業，也有人長期搭帳佔據營地。可惜的是，在 88 水災後寶來溪因沖進大量的山崩砂石導致溪床淤高，七坑與十坑溫泉雖然佔了先天位置高人一等的優勢，源頭僥倖未被埋沒，以往的瀑布風采卻是暫時消失了。曾經秀雅端麗、

綠蔭綴點的溪谷，如今放眼皆是灰塵石塊，滿目蕭條。上天總是有我們人類無
法預知的安排，也只能期待大地能夠趕緊自行再回歸穩定週期，如此一來不息
的溪水才有充裕的時間能將砂石慢慢攜往下游，重新浚深河道而讓瀑布有緣再
現。

這兩處溫泉共同的特色還有一項：她們都會在溫泉湧水洞口的週遭及溫泉瀑布
跌水之處生成特殊厚層的石灰華沉澱層，以及較為少見，呈現黃白色調的「溫
泉砂」。我曾經滴了幾滴鹽酸在成層的石灰華結殼上，果然立即冒出大大小小
的氣泡，證明其主要成份為碳酸鈣，一旦遇上強酸便立即分解出二氧化碳來。

一般說來，在中性或弱鹼性的環境裏，碳酸鈣的溶解度會隨著溫度下降而上
升，也就是說當溫泉湧出地表後，由於溫度下降，其實並不利於碳酸鈣的沉澱。
那為什麼溫泉口還會有大量的碳酸鈣沉澱呢？那是因為碳酸鈣的溶解度大小對
於酸鹼其實更為敏感，當水愈偏向鹼性，能溶解的碳酸鈣就愈少。當溫泉水從

在顯微鏡鏡頭下由晶瑩的小圓粒膠聚成團的溫泉砂　　溫泉砂

地底深處上升時，由於壓力降低而釋放出大量的二氧化碳（就像可樂開瓶降壓
後不停地冒出二氧化碳氣泡一樣），溫泉水酸鹼度便會升高。此外當熱水因汽
化或蒸發而濃縮時，酸鹼值也會上升。這兩因素交相作用，進而導致水中的鈣
離子濃度過飽和，接著便與水中的碳酸根離子結合，沉澱出碳酸鈣，形成石灰
華。

至於那些在其他溫泉少見的「溫泉砂」，一開始我推測其形成原因可能是石灰華結殼再被溫泉水侵蝕沖刷後逐漸崩解散落而成。不過後來觀察到其實在溫泉湧出之處就有不少的溫泉砂，在這不太可能有足夠的侵蝕力來製造溫泉砂。此外蒐集一些標本放在顯微鏡下觀察，也能看出這些砂粒是由更小的晶瑩碳酸鹽類小圓粒膠聚而成，並非是硬被從碳酸鈣結殼剝蝕而下的碎屑。由此看來，這些溫泉砂的確實成因還頗值得進一步研究探討。

這兩年仍是有車隊會不辭勞頓地前往十坑溫泉紮營泡湯。我個人是不覺得這些高底盤大輪子的車輛往覆碾壓溪床會造成多大的生態環境破壞，因為車子能走的，大抵都是下游區段，溪水淺平少深潭，不見有太多的生物。我認為倒是心態才是主要的癥結。與這些大肆開車進出溪流的人聊天或是閱讀其文字紀錄，往往都能感覺到自他們心底所流露出征服自然，力克挑戰的自豪感，缺少了一份對大地母親的疼愛。也因此往往會觀察到有些車友明明就有車子載運，還是會在營區亂丟或是亂燒食物、垃圾，不然就是大聲喧嘩，造成別人的困擾。當然，愛護自然的車友也是所在多有，不能一竿子打翻整船人。

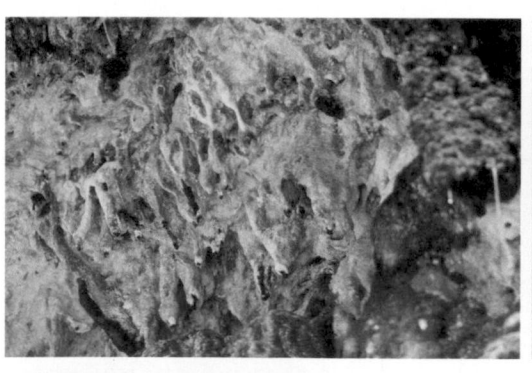

由緩慢滲流溫泉水所形成的小型鐘乳石

十坑溫泉瀑布下堆積的細粒乳白溫泉砂

七坑溫泉
位置：高雄市桃源區寶山村
TW67 X:223840 Y:2555777
抵達難易度：中
型態：未開發溫泉區
泉質：鹼性碳酸氫鈉泉
pH 值：7.9
溫度：攝氏 65 度

十坑溫泉
位置：高雄市桃源區寶山村
TW67 X:227511 Y:2557821
抵達難易度：難
型態：未開發溫泉區
泉質：中性碳酸氫鈉泉
pH 值：6.6
溫度：攝氏 51 度

1	2
	3

1. 七坑溫泉源頭因長滿藻類而呈現翠綠色調，池週分布細小的黃白溫泉砂

2. 十坑溫泉湧自岩壁高處，以瀑布的形式落入寶來溪

3. 十坑溫泉因滑落距離太長，以致在瀑底蓄積的溫泉池有時溫度不足

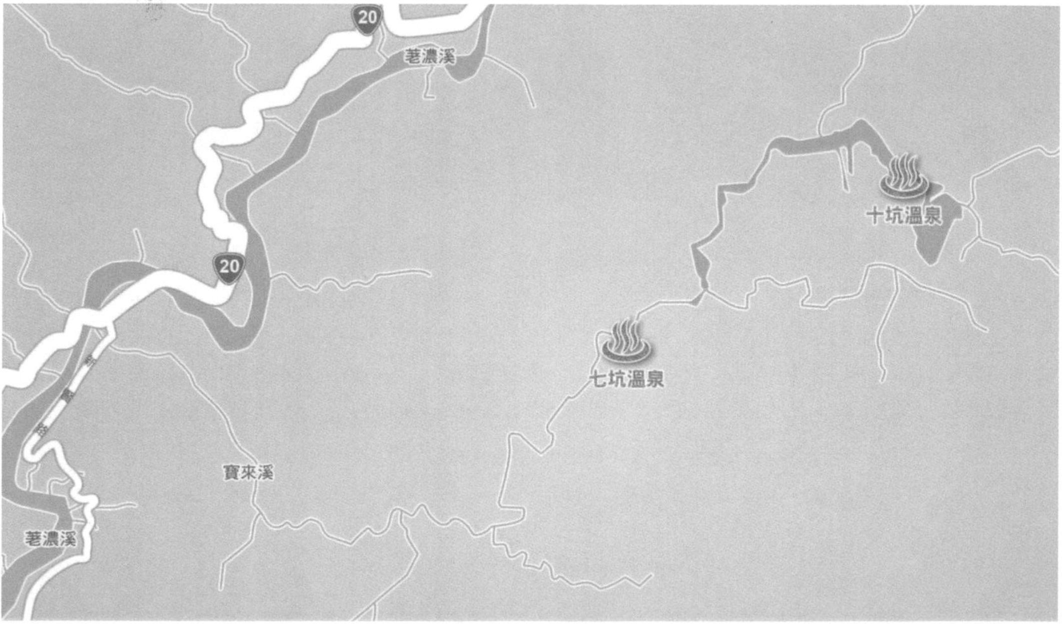

27 十二坑、十三坑

溫泉點點間的那道映日虹彩

又是個夜溯進七坑的晚上。摸黑行駛崩塌的產業道路，經友人下車指揮，總算有驚無險地將我的低底盤老爺車開到寶來溪溪床。翌日清晨，預計前進至寶來溪上游十三溫泉，前進時開頭的溪床路還算好走，多是在平坦的河階上穿行。總算在兩點左右到了十坑溫泉後方那一整片從山頭直洩至溪底的崩崖。

十坑之後的寶來溪走來更為累人，纍纍的石陣讓人不時手腳併用的攀上躍下。登山杖此時真是發揮了它的功效，多了個支點，在快速前進中，身子不致過於搖晃，膝蓋的壓力也轉移不少。

身在沿溪流溯行的過程中不斷挺昇拔高，兩側崖壁愈形緊挨。從十坑出發後一個半小時，我們抵達一處不得不高繞的地形，代表十二坑溪也就在前頭了。這兒便是我首次參與溫泉探勘而終至失敗的未竟之地。（當時由小關山林道下切十二坑溪，打算臨流而下直抵十二坑溫泉。無奈最後一道險峻的瀑布是無法跨越的鴻溝，直落的水花在腳底飛濺，而絕壁狹縫中，寶來溪窄窄的一段是已然在望了。）高繞的岩壁形勢雖險，還好搭配上節理發達的變質砂岩與板岩，踏著自然形塑的階梯，上攀下降倒也非什麼難事。此時，我放更多心思東張西望地找尋溫泉出露的徵跡。在高繞的頂點友人指著對岸岩階上一處被新苔染綠且夾雜白絲條紋的痕跡說道：「那該不會就是十二坑溫泉吧？」望著橫跨深闊溪谷那端的微量水漬，果然是溫泉呢！

沒多事停留，我們仍不時穿踏溪水一路上行。在一些倒懸的崖壁深潭旁，已可見到小股小股溫泉水的溢流了，只是不成氣候。後來又途經一道窄潭，得靠雙手按在溪左石縫間勉力撐起自己及身後沉重的背包，再曲膝由腳尖踏尋好定點站穩，才能在恐懼仰跌入水的驚惶中逃脫。而展眼前望，分隔寶來和十三坑溪的那脈聳峻尾稜也已矗立於不遠之處了。友人走在前頭，遇著一池溪畔從暗紅源頭渲洩之下匯流而成的天然溫泉池。池面廣闊，溫度適中，真是得來全不費工夫，再好不過的天之賜禮了。然而我們才發現，美中不足最大的缺陷是，湯池旁石壁上的斜坡堆滿的竟是顆

顆沉重的巨石，彷彿蓄積滿了高漲的同仇敵愾之氣，隨時準備好滾滾而下，來場天驚的衝鋒陷陣。考慮再三，我們最後還是選擇放棄，轉移至最上游熱氣蒸騰，還須自行構工築池的十三坑溫泉旁紮營。

重裝喘喘地抵達選定的營地後，天色已幾近全暗，友人慌忙中折斷營柱，趕緊用傘帶捆綁支撐，幾經折騰，大夥只想好好地大睡一覺，一整夜伴隨豆大般的雨聲沒歇息過，心理擔憂著，要是溪水高漲，淺灣成了深潭，我們可怎麼回去？此時帳外豁朗一聲，分明是顆石頭把持不住，滾落了下來。還好轉移至此營地還算安全，容得我在規律的溪水驟雨聲波浪潮中逐漸闔眼睡去。休憩了一夜，再睜開眼，外頭已是一整片無雲的蔚藍天空。昨夜那傾倒下滿盆雨水的厚雲，怎麼說消失就一點也瞧不見蹤影，只剩剛剛從山脊透射進來的陽光，照得人全身暖烘烘的。我抓起照相機，爬過橫路的巨岩，想去拍十三坑溫泉露頭的照片。哇！不是我故意誇張，那一排四五束的溫泉噴柱，在風停的當下簡直就要衝至溪中央了！蒸騰的霧氣映著日頭隱隱地現出一道虹。紅的、黃的、白綠交纏的石壁在點點水幕之後顯得如此光彩奪目。十三坑溫泉，真不是蓋的，不枉費力走這麼一遭。

1 2

1. 十二坑溪以一道大落差瀑布匯入寶來溪，沒帶
   夠繩具的我們只能望著眼前的寶來溪谷徒呼負負
2. 十二坑溫泉

溪畔的十三坑溫泉小池

十二坑溫泉
位置：高雄市桃源區寶山村
TW67 X:229329 Y:2558553
抵達難易度：難
型態：未開發溫泉區
泉質：鹼性碳酸氫鈉泉
pH 值：7.7
溫度：攝氏 56 度

十三坑溫泉
位置：高雄市桃源區寶山村
TW67 X:231361 Y:2558213
抵達難易度：難
型態：未開發溫泉區
泉質：鹼性碳酸氫鈉泉
pH 值：8.57
溫度：攝氏 97 度

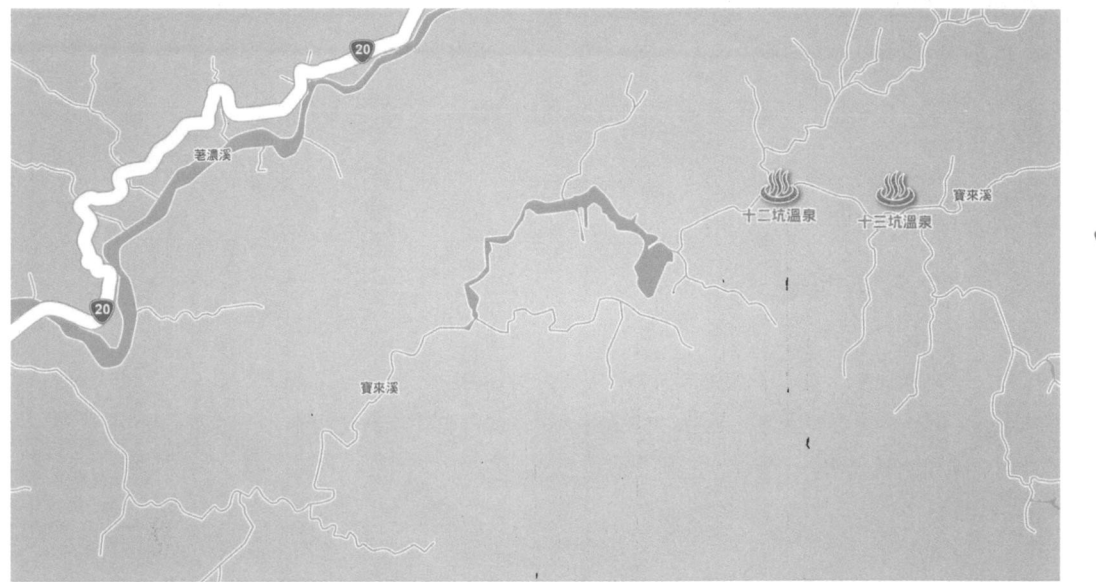

| 1 | 2 |
| | 3 |

1. 十三坑自小錐孔中噴出的陣陣溫泉與熱霧氣
2. 出其不意的晴天帶來了出忽意料的溫泉虹彩
3. 趁著好日頭,讓淋了一夜冬雨的帳篷迎著光,好好揮別溼意

28 復興

星空下的泡湯體驗

「復興」是南橫沿線上位在荖濃溪與支流拉克斯溪交匯處的一個布農族部落，而泉量豐沛的復興溫泉就隱身在這條溪的上游。通常前往復興溫泉會自復興部落先沿一條需四輪傳動車才能進入的產業道路開到烏斯基戶吊橋附近停妥，接著才開始步行。

「烏斯基戶」吊橋名字很別致，就是有些拗口，讓人不禁好奇這名字的來歷。翻閱資料，原來拉克斯溪從匯流口到溫泉可劃分成四個區域，每個區域各有其傳統布農語稱呼。靠近匯流口吊橋附近一帶稱為「wusgihu」（原義不明），所以這座吊橋才稱做「wusgihu 吊橋」（烏斯基戶吊橋）。

再往上的區域屬於峽谷地形，稱做「Mahadawn」，意思是這一段的地形險峻陡峭，河流像在長溝中流動。的確，從吊橋往上溯行一小段就進入峽谷。這兒最窄的一段，兩岸夾壁竟然只相隔約三米，將拉克斯溪侷束成溝。這裏的岩層堅硬異常，屢次的大水皆未能將其沖毀。在 1998 年秋天颱風季節，拉克斯溪曾發生大水衝走 3 位遊客的不幸意外，來這邊溯溪，一定要特別注意天氣的變化，盡量挑選十月至四月間的乾季會比較安全，否則在這種地形裏遇上洪峰，真是不知該往哪兒逃。

拉克斯溪溪流呈現怪異的黃藍色調

邊泡湯邊享用石板烤肉。

繼續往上走，狹窄的溪谷到處可見大量的砂石堆積。近年來左近山區都有大量的山崩，只要豪雨降下，這些坍落的土石就會隨著溪水向下游搬移，形成一個又一個的河階。原本許多地形起伏大，秀麗多變的小溪谷這幾年都被填成一片片平坦的礫石灘。雖然一般而言平坦的階面走來舒適，不過，拉克斯溪重新下切的速度實在太快了，這些河階的落差都很大，加上又必須經常橫渡溪水，攀上爬下的，大幅拖慢行進的速度。

過了峽谷區，眼前景觀豁然開朗，是一個寬闊的小型盆地，這裏即為「Masusilu」，「silu」是指「月桃」，因為這一帶盛產月桃，故以此命名。過了這處較為寬廣的谷地，地勢又急速收攏。這裏沿溪出露的岩層主要都是屬於中新世的盧山層，大都為硬頁岩、板岩及硬砂岩。仔細觀察還可以見到許多有趣的地質小構造，比如說鑲在岩層間富含鐵質的棕色結核以及由硬頁岩碎裂成小尖礫的「鉛筆狀構造」等等。

拉克斯溪沿途風景都很入人眼，緩步而行，欣賞大自然也是件樂事。你會發現這條拉克斯溪的溪床竟是黃綠色的，不同一般佈滿灰色大石或是紅棕鐵銹的溪澗。這黃綠色物質主要是由一股支流所匯進來的，因為交匯口之上的拉克斯溪就恢復一般的模樣。自己沒特別去探討，也不知道這是生物性還是物理化學的因素所造成。若有人有閒有興趣，不妨沿著這股支流上溯瞧瞧，也許就能發現這神奇現象的真正成因與來源。

經過高瀑，繞過最後一道水灣後，溪谷再度變得寬闊，可以見到遠處的山峰像是展開雙臂迎接旅人，而復興溫泉便也到了！經過將近四小時的跋涉，第一個溫泉池總算是出現。這一區稱做「walakus」，「lakus」就是樟樹，這附近及上游地區昔日生長許多樟樹林，故以此命名，而這條拉克斯溪（Lakus）也因為這些樟木林而得名。

清末民初，臺灣是世界主要的樟腦產區之一，陳石齋曾提及：「外山之樟盡矣，涉番境伐番木，約饋以羊、豕、紅布之屬。腦丁亡賴，往往食言，腦成而逸。…」不肖的漢人取得樟木後卻沒有履行當初的約定回饋原住民。不知道這樣的往事曾不曾也發生在這裏呢？

我在溫泉池卸下沉重的背包，繼續再往上游搜尋，看看是否有沒混到溪水的溫泉露頭。果然！岩壁上就有高達九十度的溫泉原湯流出。底下還有不少的碳酸鈣礦物質沉澱。而最高溫度的露頭上游約五十公尺處，其實也還有幾處溫泉露頭，而且已經有人修築好湯池。這邊的溫泉雖與下游的相距不遠，可水質的差異卻極大，而且富含鐵質，不僅池底，連附近的岩石全被染成了紅棕色。溫泉的成因是極其複雜的，相信還要投入更多的心力研究，才能逐一突破一個個的迷團。

吃過豐盛的烤醃肉晚餐，我選了一個溫度剛好的池子來泡湯。滿天星星閃耀下，耳邊充盈的是拉克斯溪小澗層疊而下的淙淙水聲，這裏真是個超享受的泡湯環境！在寬廣的個人池裏，我享受著妥適滑潤的溫泉熨暖肌膚，心情整個放鬆。雖然昏昏欲睡，眼睛快張不開了，卻怎麼也不想起身進帳篷！

復興溫泉五彩溫泉壁。從這湧出的熱水溫度可高達攝氏 90 度以上

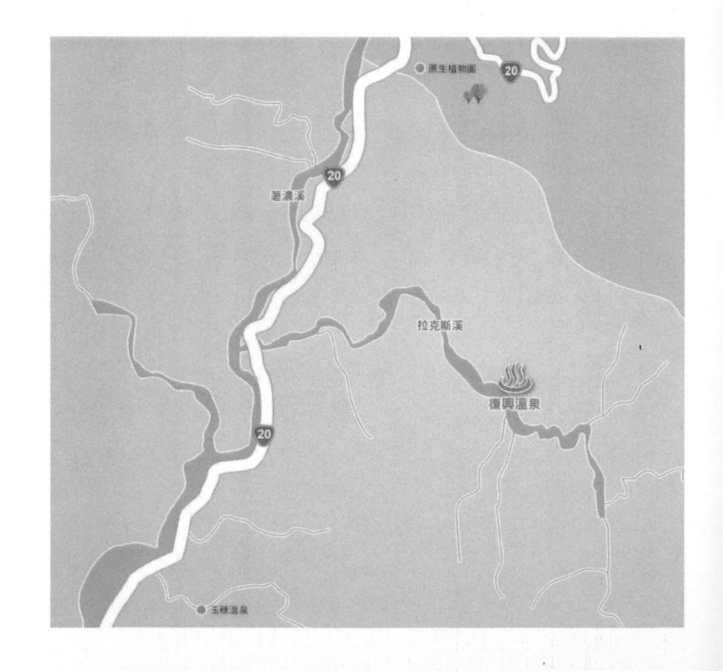

位置：高雄市桃源區復興村
TW67 X:233082 Y:268225
抵達難易度：中
型態：未開發溫泉區
泉質：鹼性碳酸氫鈉泉
pH 值：8.9
溫度：攝氏 90 度

1	2
3	
4	

1. 營地旁還有幾池沉澱出大量氧化鐵的血紅色池子
2. 溫泉邊所長出的樹枝狀石灰華
3. 溫泉壁
4. 引流築一池不摻雜冷涼溪水的原湯

29 哈尤溪

無法泡湯的寒冷就用熊熊營火彌補

「哈尤溪溫泉」位於屏東縣隘寮北溪的支流哈尤溪上，而哈尤溪溯到底便是小鬼湖。很久之前曾聽人提過大小鬼湖附近有溫泉，或許指的就是這處吧？ 2007 年拜訪隘寮北溪上的大武溫泉時，順流而下的原住民獵人向窩在營地泡湯的我們說起在路程約半小時的上游一條小支流裏還有另處野溪溫泉。當時大夥心中一動，因為這可是從沒在文獻中出現過的溫泉！若能順利找著並記錄下座標，那可是件大事。

我們大夥算算時間還有餘裕，立即放棄原本的糜爛泡湯行程，訂下隔天輕裝向上找尋溫泉的新計畫。就可惜辛苦跋涉了一整天，還是煞羽而歸。一直到三、四年後依舊堅持不放棄的朋友順利找到了她，這才恍然明白原來當時我們錯估原住民的迅捷腳程。一樣是半小時，我們前進的距離可能根本不到獵人的一半，當然找不到支流，而之後卻又大意地跨過哈尤溪卻不入（因為從匯流口看來哈尤溪很寬闊，不像獵人口中的小支流），一直攻進更上游那處沒攀岩裝備就再也前進不了的黃金峽谷裏。找不到溫泉的一夥人當時還自我安慰地說看到擁有如此漂亮顏色的峽谷也算是不虛此行了。

2013 年冬，朋友又約著一道去探訪哈尤溪溫泉，當下我立即點頭答應，即便從臺北趕下屏東，真得很遠，光是車程來回就佔掉一天的假期！前一天我先抵屏東過夜，隔天與朋友會集後，約 11 點開始下切溪谷出發溯行。再度走在藍天下粗曠卻又秀美的隘寮北溪溪谷裏，加上明確知道哈尤溪溫泉的位置，時間拿捏已有把握，肩上的重量就變得不是問題，全都消融在愉快的氛圍裏。其實我在出發前也換了頂輕量化帳篷，負重會覺得輕鬆多少也要算上這個因素！

水位極低，隊伍推進的速度很快。下午 1 點半時我們通過了昔日大武溫泉的所在處，因之前的大山崩，大家尋尋覓

覓也只能勉強在以前湧出溫泉的地方發現一道鐵質含量很高、溫度約 27 度的泉水。接著 2 點半，順利到了哈尤溪與隘寮北溪的匯流口，又再花了半小時進到峽谷，溫泉便已近了！只是峽谷裏落石很多，我們像是走進埋伏的士兵，前後不時有零星的落石墜下攻擊。

就在不時抬頭檢視會不會有落石砸落間，總算是抵達哈尤溪溫泉了！據來過的朋友說，和去年相比這裏溪床下切了幾達六米深，原本的堆石都消逝了。而因為溫泉還是由同樣的位置高度湧出，所以沿著崖壁淅瀝流下，形成了一片非常漂亮、五彩繽紛的壁畫。前後觀察一番，哈尤溪溫泉露頭泉量不小，但因分布廣，又是順著岩壁而下，反而較難匯聚築池。其實我們也根本不敢久留。因為當看完溫泉回到對岸拿背包，當場就有幾塊大石落在我們剛剛所站之處，濺起若大的水花。我們下意識都摸摸自己頭盔，把下巴底的扣環再拉緊一些。

這次抵達的溫泉露頭水溫大約為 40 度，要泡還是有些冷。根據 2012 的紀錄，哈尤溪溫泉溫度可達 50 度，只是泉質其實很「清淡」，每公升溫泉水所溶解的礦物質僅達 0.28 公克左右，還不到我國溫泉基準所規定的 0.5 公克。上游一點是還有更高溫的露頭，只是地形實在不好走，過了短瀑又是深潭，得游過去才能再往前，而且上頭也仍都是峽谷地形，欠缺能紮營的腹地。考量時間與安全因素，我們一行人最終選擇放棄，退回峽谷外找營地過夜。

峽谷外頭的砂地寬闊，非常適合紮營。而且到處都是漂流木，隨手一拾就是一堆。想說這裏很少人會來，雨季又快開始了，這些木頭也留不住，索性就燒個過癮！那幾乎是一個人高的熊熊營火陪我們渡過一個愉快的聊天烤肉夜晚，完全驅走冬夜的寒氣，多少也彌補了沒能舒爽泡湯的遺憾。

位置： 屏東縣霧臺鄉阿里村
TW67 X:231588 Y:2517944
抵達難易度： 難
型態： 未開發溫泉區
泉質： 鹼性碳酸氫鈉泉
pH 值： 8.8
溫度： 攝氏 50 度

2007 年因為找不到哈尤溪溫泉卻意外欣賞到的隘寮北溪上游黃金峽谷

1. 哈尤溪溫泉位在峽谷內，溫泉湧出處的岩壁被汩汩向下滲流的熱水染上藝術畫般的美麗條紋。崖底是勉強堆出的溫泉池，只是非常危險。我們前腳才走，幾顆石頭便不偏不倚地從空墜入池中

2. 熱水絲絲地或聚或散從崖頂流下，是特殊的溫泉體驗

3. 冬季南部乾旱時隘寮北溪清淺易渡

4. 通常在接近溫泉前的溪谷都能見到被沖流而下的石灰華，然而這一塊是我見過最白最大的

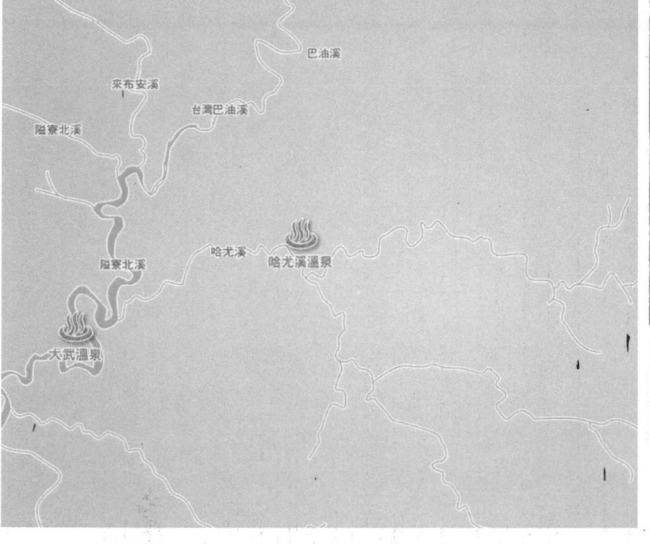

2007 年大武溫泉泉況仍不錯。只是後來被掩埋，且截至 2015 年仍無重新出露的消息

➡ 神山瀑布

地址：屏東縣霧臺鄉大武村

交通方式：高速公路國道 3 號（長治交流道）➡ 台 24 線 ➡ 三地門 ➡ 霧臺村 ➡ 佳暮村
➡ 大武村（全程 53 公里）

「神山瀑布」位於神山社區下方，隘寮北溪的支流上，位置隱秘。從神山部落經神山山莊通往佳慕部落的產業道路上，約 10 餘分鐘車程可見路旁護欄標示著神山瀑布。停妥車循階梯往下約 5 分鐘，即可到達高約 30 公尺的神山瀑布。此地步道階梯溼滑，到訪的遊客不多，現場還可以見到大水破壞人工建物橋樑的遺跡。要特別注意的是霧臺鄉仍須辦理甲種入山手續，但已簡化，可於當日至台 24 線 26 公里處的三德檢查哨辦理登記即可。

30 四重溪

竭澤而漁不如細水長流

在南臺灣提到泡溫泉,四重溪一向是湯客的首選之地。此地地底蘊藏無色無味的鹼性碳酸氫鈉泉,也就是所謂的「美人湯」。據傳此種泉質具有軟化角質以及促進肌膚新陳代謝等功用,對燒傷、燙傷等外傷患者,浸泡此湯也能消炎去疤。至於有沒有真效果,到何種程度?那便見人見智了。要承認的是,四重溪的美人湯所含的礦物質濃度的確特別豐富,品質出類拔萃。身體一入水,便能充分體認那股肌膚滑溜的美人觸感,這可是北部好幾個著名溫泉區無法相提並論之處。

四重溪位於河川貫穿的山間盆地內,鳳山文人鄭坤五(1885~1959)的詩句:「空際亂山相出沒,錦屏迴護四重溪」,即傳神地描繪出該地風光。早期這裏的居民若要進出得順流步行,途中須涉溪四次,所以此地才俗稱「四重溪」。又由於村內即有溫泉湧出,故舊時也稱此地為「出湯」。只不過目前四重溪溫泉的水溫及溫泉水位有逐年下降的趨勢,公共溫泉浴池後的露頭原本在十多年前仍能夠自然湧出,現在則早已乾枯消失。

會造成溫泉資源衰竭主要是因國民旅遊興盛後,四重溪的溫泉旅館如雨後春筍般設立,店家為獲取足夠營業的熱水,紛紛鑽鑿溫泉井抽用。只是自然補注的溫泉水趕不上抽用的速度,水位一直下降,迫使各家業者的溫泉井也只能隨之越鑿越深。早期的井約一百多公尺,但沒幾年便乾竭,於是加深至二、三百公尺。然而沒過多久,這些溫泉井的水量也不夠了,特別是在元旦假期和農曆年遊客磨肩接踵時,溫泉水更搶得兇。目前四重溪溫泉區都須依賴四、五百公尺深的溫泉井來供水,每況愈下。其實溫泉算是一種可再生的資源,只要限制使用量,地下的熱水水位還是能夠逐步回升的,就看當地的業者及相關管理單位有沒有魄力確實執行控管了!

光復初期的四重溪溫泉路景致

四重溪溫泉的發展史可由 1895（明治 28）年起算。該年 12 月恆春憲兵屯所高橋憲兵曹長在此執行偵查任務時發現了溫泉，次年就在此地的小丘上搭建草屋及溫泉浴槽。1908 年恆春森尾茂助自行出資興建了一座日式小亭，並以低廉的收費經營公共浴場，只是該浴場屢次遭原住民抗爭破壞。一直到 1914 年設置了「四重溪警察官吏駐在所」，治安才有所改善。

1923（大正 12）年 6 月車城庄民張添丁等捐贈 4,000 圓建設浴場一棟經營，1927（昭和 2）年 4 月移轉由高雄州經管，增設了客室二棟及附屬浴室一棟。日後四重溪成了到「石門古戰場」探訪的遊客必經之處，這裏的溫泉休閒產業也自此逐漸開發而繁榮（吳美華，2002，日據時期臺灣溫泉建築之研究。碩士論文），並與陽明山、北投、關子嶺並稱為臺灣的四大溫泉。

目前四重溪最具歷史的溫泉旅館是「清泉日式溫泉館」。這旅館在日據時期稱為「山口旅館」，屬於日軍軍官將領泡湯休憩的地方。1933 年 11 月時日本高松宮宣仁親王（昭和天皇的弟弟）曾來此渡蜜月，為此該館還曾予以擴建。民國 35 年此旅館歸於高雄州政府，改名為『清泉山莊』，民國 37 年再轉由屏東縣政府管理，並於同年承租予民間業主經營。至民國 47 年，清泉山莊正式對外公開招標。原承租業主因懷著對「清泉」的特殊感情，以當時雙倍的高價取得，至今已接續到第二代。「清泉日式溫泉館」至今仍保留部份日式庭園、湯屋及房型設計，頗具古意。

若只是路過此地，不想花大錢進湯屋，那也可考慮到不收費的溫泉公共浴室體驗四重溪溫泉的腴滑。四重溪的公共浴室到現在已超過百年歷史了，為了洗刷過去給外界衛生不佳的壞印象，鄉公所於 2013 年特地斥資百萬整修，並向縣府申請溫泉合格標章，讓這棟百年老湯屋再現風華，24 小時免費提供民眾使用。只是給了方便卻有少數不自愛的遊客就隨便起來，利用深夜人少時段進入破壞設施。為了維護公共浴室秩序及整潔，目前只好將開放時段縮短成早上 5 點至晚上 11 點。

1. 清泉日式溫泉館內的老建築及露天溫泉池
2. 清泉日式溫泉館大門外觀
3. 清泉日式溫泉館維持著幾間日式風格客房

現今四重溪溫泉路的景致

1. 昭和 8 年（1933），日本高松宮宣仁親王曾帶著新婚妻子到四重
   溪清泉日式溫泉館，目前該館還保留有日據時期的溫泉浴室。

2. 四重溪公共溫泉浴室

3. 公共溫泉浴室內有著寬闊舒適的浴池

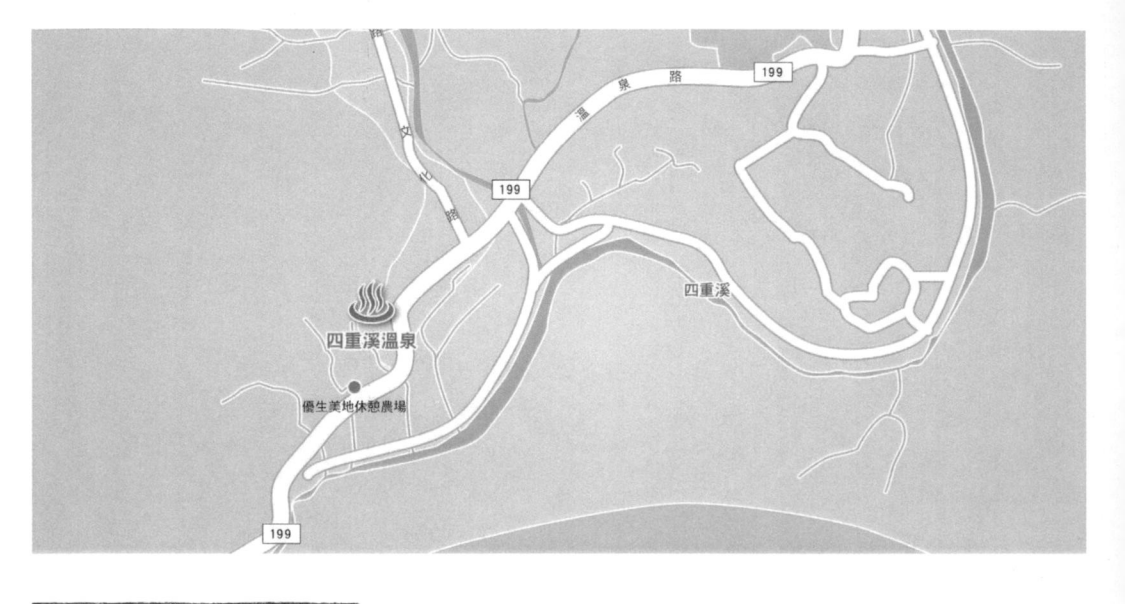

154
位置：屏東縣車臣鄉溫泉村
TW67 X:223148 Y:2444258
抵達難易度：易
型態：已開發溫泉區
泉質：鹼性碳酸氫鈉泉
pH 值：7.9
溫度：攝氏 58 度

石門古戰場

地址：屏東縣車臣鄉溫泉村

交通方式：交通方式：高速公路國道 1 號（五甲交流道）

➡ 台 88 線　➡　國道 3 號竹田系統交流道

➡ 國道 3 號南州交流道　➡　縣 187 乙線

➡ 台 1 線　➡　楓港　➡　台 26 線　➡　車城

➡ 縣 199 線

泡完湯後，推薦到石門古戰場走走。石門古戰場是臺灣原住民抗日「牡丹社事件」的發生地點。古戰場一旁小丘上矗立著一座「澄清海宇，還我河山」紀念碑，主要用以悼念在「牡丹社事件」中所犧牲的原住民。遊客至此除了感受石門古戰場與紀念碑的歷史情懷外，更可眺望一覽無遺的石門村與四重溪美麗風光。

31 綠島

早起晨湯賞日出

綠島原名火燒島，距臺東約 35 公里，長、寬皆約 5 公里，主體是由安山岩質火山碎屑岩及熔岩流所組成，邊緣則環繞著向海延展而出的指狀珊瑚裙礁。就地質構造來看，一般認為綠島是海岸山脈向南入海後突出在海面的山頭，也即是呂宋火山島弧向北延伸的一部份。綠島的火山作用分為幾期，發生在 60 至 200 萬多年前之間，目前仍可看到許多火山遺跡，如海參坪上的火山頸、柚子湖的黑色火山角礫岩以及後火山作用的溫泉等等。

朝日溫泉位於綠島東南方的帆船鼻一帶。因朝向東方，清晨到此泡湯能欣賞到一輪紅日自婆娑太平洋天際線冉冉躍升，波濤間金光粼粼的美景，故日據時稱此名湯為「旭溫泉」，目前則改稱為朝日溫泉，是臺灣除了新北市金泉溫泉外另一個不冠以地名或是溪流名，而是以主要特色來命名的溫泉。

民間多傳載朝日溫泉是世界上僅有的三座海濱溫泉（另兩座分別在日本九州和義大利北方西西里島），但其實這是誇大其辭。光論臺灣，在金山磺港海濱、龜山島龜首前方海底，也都有豐富的溫泉湧出，更遑論這個大千世界的其他角落了。為人處世還是謙遜低調些比較好。

室內溫泉 SPA 設施

朝日溫泉的出露點是在潮間帶的珊瑚礁上，泉水來源主要是海水滲入地底後，經由綠島下方的火山地熱加熱並混入火山流體，再沿著岩層裂隙上升所形成，屬於火成岩區的溫泉。因此，朝日溫泉與臺灣其他溫泉最大的不同便是既帶有海水的鹹度，也能聞到硫磺味，是中性的硫酸鹽氯化物泉。

先前東部海岸國家風景管理處在潮間帶建了三個溫度各自不同的圓形露天浴池，相當受到遊客的喜愛。一旁還有處與海相通，溫度較低的泳池。溫泉漲潮時隱入海中，退潮時露出海面，水質隨時轉換，冷熱交替，極富趣味。

目前風景管理處也委託民間業者經營一處規劃較為完善及安全的朝日溫泉區。區內設有五座露天梯田式，區分熱水和溫水的景觀溫泉池。只不過因供男女混合泡湯，所以須著泳衣與泳帽才可入池。此外也有室內的 SPA 水療設施，四周以落地玻璃建構，視野開闊，戶外美景皆可攬入懷中。溫泉區周邊還設有完善的觀景步道、觀海涼亭，以及盥洗室及販賣部等，對攜老扶幼的家庭旅客來說極為便利。為了迎合大眾喜好，戶外露天浴池旁另建置了一處熱泉出口，泉水接近沸點，可煮蛋、煮玉米等，增添旅遊趣味。

其實，在珊瑚礁石間也保有些自然的溫泉小池，池底湧著熱水及偶爾伴隨上升的串串氣泡。這些珊瑚礁邊緣十分堅硬銳利，一不小心便會劃傷皮膚。雖然為了安全著想我沒有下去浸泡，卻很喜歡坐在這樣天然的溫泉池前吹海風、聽濤聲，欣賞由微藍到金黃的整個黎明日出大秀。

由朝日溫泉售票口旁邊的小徑走進去，拾級而上，可來到有「綠島地毯」之稱的帆船鼻草原。帆船鼻海岬上綠草如茵起伏，搭配上四周的碧海藍天，構成色塊拼貼交融的極佳景緻。自草原邊緣懸崖可以俯視朝日溫泉全景，也算是綠島居高臨下欣賞日出、月升，沐浴海風的最佳選擇之一。

來綠島，除了愜意享受富有島嶼風情的溫泉之旅外還有很多其他的景點值得參觀漫步，像是過往監禁犯人的人權紀念公園、梅花鹿生態區、小長城、燈塔等等。此外，比較少遊客留意之處，例如早期居民利用珊瑚礁石所砌蓋的屋子（為對抗強烈東北季風，傳統石屋格局方正、牆壁厚實低矮，現今大都荒廢）、柚子湖遺址（發現有石斧、石網墜、鏟鑿、玦、素面陶片、夜光螺製劏器等），也是喜歡文史之人可多加探訪之處。

1. 綠島讓人印象深刻的海濱露天溫泉浴池

2. 綠島燈塔始建於 1939（昭和 14）年，後毀於戰火，於 1948 年重建。塔高 33.3公尺，外觀為白色直筒狀建築，佇立於盎然的草地綠意之上

3. 寬闊的溫泉池擁有無敵的太平洋海景，泡湯不再只是侷限在小屋一角

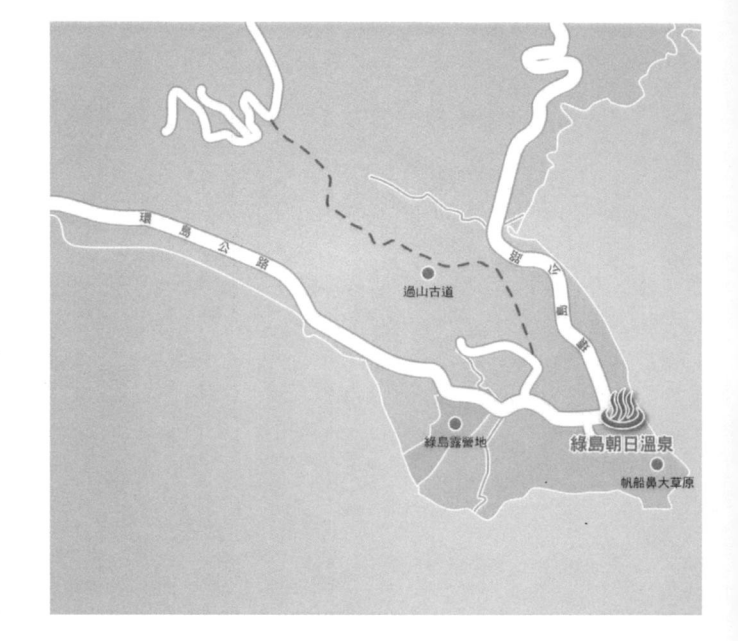

位置：臺東縣綠島鄉
TW67 X:301017 Y:2504498
抵達難易度：易
型態：已開發溫泉區
泉質：中性硫酸鹽氯化物泉
pH值：7.8
溫度：攝氏 92 度

| 1 | 3 |
| 2 | |

1. 自小長城觀景臺可以見到突立海外，狀似小狗的小島嶼「哈巴狗岩」
2. 帆船鼻上的如茵綠草原
3. 位於綠島東邊海岸有條石階步道沿山稜蜿蜒而上，通往岬角頂上的觀景亭，長約 400 公尺。從道路遠觀步道，看似縮小的萬里長城，因此當地居民就將這步道取名為「小長城」

交通方式：
海路：從臺東富岡搭乘客船到綠島，單程船程約 50 分鐘。
空路：從臺東豐年機場搭乘小型飛機，單程航程約 15 分鐘。

32 金崙、都飛魯

消逝的 45 度完美弧線

近黃與都飛魯是過去金崙溪上極富盛名的兩處野溪溫泉,各自以豐沛的泉量以及 45 度角的弧線噴泉吸引眾湯客們不辭辛勞跋涉,只為親眼目睹。然而88 水災後,過往曲折端秀的溪谷被砂石填成了平坦無味,溫泉亦大失其色,時至今日都未能從受創的慘痛中恢復元氣,殊為可惜。在此就謹以這篇回顧之文做為悼念,陪同大家在紙上重溫其舊時美好身影。

金崙溪位於臺東縣境內,橫跨金鋒及太麻里兩鄉,於金崙村南方附近出海。其上游南北兩支流分別發源於大里力山以及屬於中央山脈主脊之一的南大武山。近黃溫泉位於金崙溪的北支流西岸,為一腹地約五百多坪的小盆地,上下皆有峽谷夾峙。此處溫泉源頭因為接近排灣族的近黃舊社,故稱為近黃溫泉。只不過,近黃社其實是位在金崙溪的南支流,與現今所指北支流上的近黃溫泉隔了一道稜線,直線距離約 800 公尺。

日據時代近黃社曾設立警察官吏駐在所,屬大武支廳第二監視區,管轄近黃、托畢錄、那保那保、庫塔卡斯等社。1912(大正元)年日本政府也於此設立近黃蕃童教育所,是臺東廳最早設立的教育所之一。從 1935(昭和九)年金子常光所繪製的「觀光的臺東廳全貌」一圖中,可以見到近黃社一旁畫上了個溫泉的圖示,只是近期從未聽聞在近黃社舊址旁的溪床有溫泉湧出。是不是當時近黃社的溫泉早已消逝?還是溫泉本來就不在社旁呢?

光復初期近黃社的住民們生活清苦,主要以狩獵活動為主,農耕生活為副,只能自給自足,經濟無法改善。且當地交通不便,下山採購險象環生,兼之衛生品質極差,造成多數幼童染疾。種種因素迫使長者、自治幹部進行協商,設法向上級單位陳情建言遷徙事宜,終在民國 40 年代(42~44)遷村至新興部落,離開了這處溫泉原鄉。

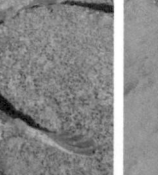

被溫泉燙死的青蛙

石灰華沉澱

近黃溫泉源頭位在溪床稍高處，主要由變質砂岩及板岩交界處湧出，範圍有一百多公尺，溫度約為 90 度，泉水經由樹枝狀的渠道四散於溪床上。溪畔有十數池遊客疊石而成的泡湯池，可引進清涼溪水調和成適宜水溫。在繁星密布的夜色下泡湯，身旁偶爾閃過流螢，讓人有種就要伴隨潺潺溫泉溪水睡去的舒暢。

從深部湧出的地下熱水在壓力下降及氣體分離造成 pH 值變化的情況下，原本溶解的礦物質會成為過飽和狀態。對碳酸鈣而言，在深部溫度壓力下溶解度可達 230ppm，但到地面後則降為僅有 1ppm，相當於每公噸熱水可析出 220 公克的碳酸鈣，因此近黃溫泉可見到各式各樣的碳酸鈣沉澱物。工研院曾於 1982 年於近黃溫泉下游南北支流匯流口附近鑽了一口 500 公尺深的探勘井（井底最高溫度 125 度）目前仍有噴流的現象，井口也是析出了大量的石灰華。

都飛魯溫泉同樣位於金崙溪北支流上，由近黃溫泉開始溯溪而上尚需一小時左右，不時得高繞或橫渡潭水，抵達困難度較高，也因而得以保存原始的風貌。沿途上皆可發現較小的溫泉露頭出露，一些積蓄泉水的池子裏可見氣泡上湧。都飛魯溫泉最初應該也是依據最靠近的原住民舊社命名，然而都飛魯社正確的位址卻不見文獻記載。

都飛魯溫泉露頭位於畢祿山層的砂岩段，泉水從節理裂隙中湧出。特殊之處是有一激噴的沸泉。幾近一百度的溫泉從岩縫中以四十五度角射出，呈弧形落入通碧的深潭中，噴口沉澱出大量紅黃相間的石灰華。在潭底同樣有熱水上湧，隆隆乍響。可惜因為地形之故，溫泉直接匯入冰冷的溪水中，並無法浸泡利用。

其上游十公尺處還有另一噴泉露頭，由離溪水面約二公尺處墜入潭中。

另再往上游峽谷前行約二十分鐘，泳渡幾處深潭後可見一雄偉多彩的溫泉崖壁，黃白紅的礦物質沉澱和翠綠的苔類植物交相疊覆。不過，此處溫泉水量不大，亦位處潭邊，只適合欣賞。雖然如此，愛玩的我們還是穿著救生衣，仰躺著在潭水裏玩起漂漂樂來。抬頭看著藍天及與身子一樣呈無重力浮盪的白雲，心，在這一刻真是自由快樂的。

1		4
2	3	

1. 近黃溫泉澄澈清晰，泡起湯來別有一種乾淨感
2. 穿著救生衣在金崙溪水潭邊順流玩著漂漂樂
3. 近黃溫泉泉口附近滋養著能耐高溫，柔美純白的絲狀菌類
4. 工研院所鑽的溫泉井遺跡仍嘶嘶噴著水霧

都飛魯溫泉
位置：臺東縣金峰鄉歷坵村
TW67 X:232931 Y:2491990
抵達難易度：難
型態：未開發溫泉區
泉質：鹼性碳酸氫鈉泉
pH 值：8.2
溫度：攝氏 93 度

近黃溫泉
位置：臺東縣金峰鄉歷坵村
TW67 X:234188 Y:2490750
抵達難易度：難
型態：未開發溫泉區
泉質：中性碳酸氫鈉泉
pH 值：7.7
溫度：攝氏 91 度

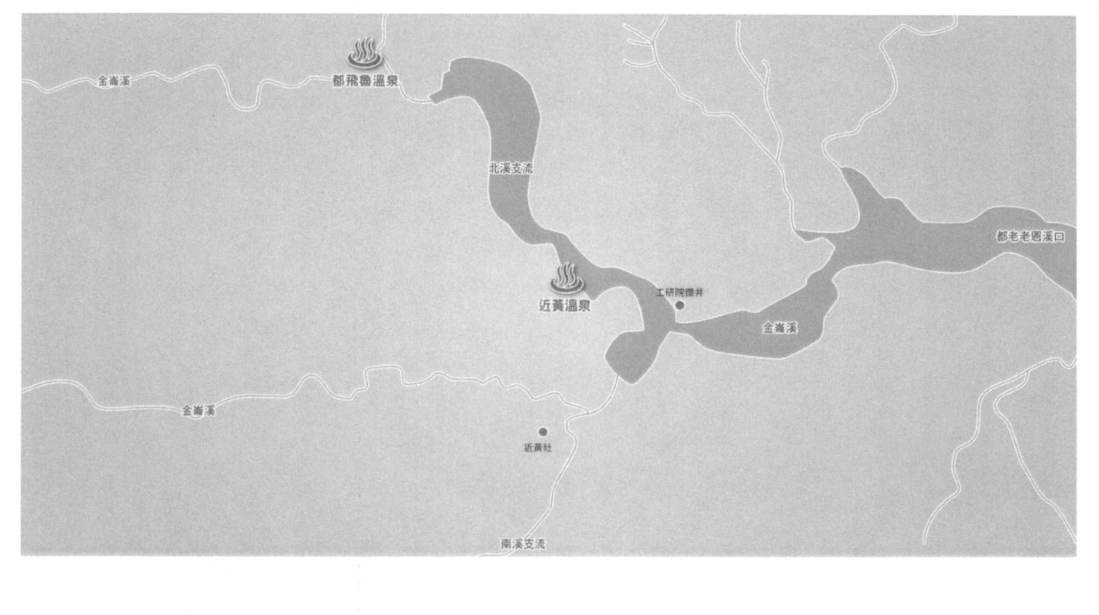

上溯都飛魯溫泉途中的幽深溪谷

1. 都飛魯溫泉一整片滲流熱水的繽紛岩壁

2. 紅色的溪床

3. 都飛魯噴泉

33 桃林
內本鹿越嶺道上的溫泉之珠

1924 年，日本人為了突破臺東鹿野溪流域山高谷深的天然屏障，加強控制內本鹿山區勇猛善戰的布農族，共花了五年多時間修築貫通此地的越嶺道。越嶺道主線先沿中央山脈西側的石山支脈蜿蜒而上，越過中央山脈主稜，最後沿鹿野溪東下到紅葉村，此外還有另一條支線自常磐西出萬山、茂林。因越嶺道路通過中央山脈主稜的內本鹿山左近，便將其命名為「內本鹿越嶺道」。

內本鹿越嶺道東段主要沿鹿野溪兩岸闢建，因此鹿野溪從上游至下游四處較大的溫泉：上桃林、桃林、上里及紅葉溫泉，當時便可藉由此道串連通抵，溫泉名稱也以最接近的駐在所或是部落命名。然此道開通不久後，日人為了節省維護經費與兵力，強迫內本鹿一帶原住民遷移至低海拔地區，所以內本鹿越嶺道很早就廢棄了。尤其在龍門天險一帶，越嶺道直接開鑿於峽谷峭壁間，歷經多年的荒廢後，塌坍嚴重，走來十分驚險，所以目前要抵達鹿野溪上游溫泉的難度頗高。

溯行鹿野溪時由清水大橋起河谷開始漸次收攏，約 4 公里可抵達上里溫泉，通常輕裝便能享受這處野湯，是冬季泡湯不錯的選擇。再往上則開始進入峽谷地形，一些基本的溯溪配備便不能少了。鹿野溪在此段溪床底寬有時不及 10 公尺，兩岸披掛著幾道懸谷瀑布，溪底則是急端。而當抵達鹿野溪主流與瑪拉歐溪匯流口前會遇上一道由大理岩所形成的峽谷，俗稱龍門天險，溯溪者往往就是受困於此而無法繼續前進或高繞，即便溫泉就在眼前，也只能功虧一簣。

選擇山路進桃林溫泉，在走完利嘉林道，穿行過林木後，會經過這段瘦稜，高得讓人不敢往下望

若要改走山路也沒那麼容易，得花上一整天的時間，先取道利嘉林道，至23.5K 處再下切西北方向稜線，穿行蹤跡不明的小徑才到得了。至於更深處的上桃林溫泉，想成功拜訪，那便得靠可遇不可求的機緣了。之前我便是參與「貓腿探勘隊」的內本鹿古道探路行程，山進水出，僥倖地一睹桃林溫泉芳容。

那一趟的行程回憶滿滿。行進中同伴們互相扶持，爬岩、渡溪，一天的行程結束後在營地享受溫暖的營火及美味的餐點，每個畫面都還清晰地留佇在我的腦海裏，像是：頭一回見到五公尺高的國寶保育類臺東蘇鐵、在野地裏等麵粉發酵，親手包包子，用面盆蒸來吃、還有享受懸瀑從天而降醍醐灌頂的滋味…。

桃林溫泉露頭分為鹿野溪主流與南側來匯的瑪拉拉歐溪兩處，各逞擅場，皆只離匯流口約百餘公尺。第一眼見著鹿野溪主流上的露頭真是讓我驚艷不已，就為了那具體而微，層層疊疊五彩繽紛的石灰華階地沉積。跑了臺灣這麼多溫泉，這是我看過最美的了。是怎麼樣的巧思，才創造出了如此美麗的景致？從崖壁上噴泉裏射出的熱水可以高達七、八十度，非常地燙，先經石灰華階地再流入我們築的池裏，也還是熱得讓人受不了。

在野地裡蒸炊現製的包子

而在瑪拉拉歐溪的溫泉則湧自於大理石之間。我們在離溪床高約 10 公尺之處將
熱水蓄積起來，成了個天然的大理石浴缸，還能俯瞰一整個曲流地形呢！而溫泉
不僅僅出現於崖壁上，就連溪底也密密地冒著氣泡熱水，實在是相當特殊。

其實在更上游，鹿野溪及支流桃林溪交匯口一帶的「上桃林溫泉」熱水湧出範圍
更大，也不知道我有沒有那種機緣去親自一訪。不過在臺灣總督府殖產局礦務科
於 1927 年出版的五十萬分之一「臺灣地質礦產圖」上，這個溫泉點卻並非畫於
現在已知的桃林溪畔，而是在更上游「橘」駐在所一旁的支流上。難道是這圖點
錯位置了嗎？還是說，日據時代的桃林溫泉另有他指，尚待探勘？

享受崖邊懸瀑的擊打按摩

鹿野溪上的溫泉露頭只要條件適當，沒有反覆的大水破壞，就有機會生成一整片具體而微的石灰華小階地。溫泉水在流動過程中若遇到局部的小型窪地則積水成池，在池水頻繁外溢的狀況下，池緣的碳酸鈣沉澱將會增加而變高，最後達到同一水平，即形成緣石，眾多的緣石呈階梯狀分布，稱為石灰華階地。那些增長很快的階地由於在熱水中生存的藻類存在而具有漂亮的色彩。不同階地水溫有異，而使不同藻類生長期間，形成不同的顏色

在鹿野溪溪流轉彎處，因側向侵蝕，在崖底沖刷出一洞穴。洞頂溫泉水一面往下滲流，一面沉澱出碳酸鈣，形成一具體而微，類似石灰岩溶洞內的小地形。除了有石鐘乳、石筍、石柱外，也可以見到石管、石幔、石疙瘩、石灰華階地等景觀

位置：臺東縣延平鄉紅葉村
TW67 X:245124 Y:2530151
抵達難易度：難
型態：未開發溫泉區
泉質：中性碳酸氫鈉泉
pH 值：7.5
溫度：攝氏 82 度

鹿野溪溫泉露頭處所形成的蛋糕狀石灰華池

照片左側為鹿野溪主流，右側則為瑪拉拉歐溪，匯流後水勢
盛大，深切大理岩與黑色片岩而成峽谷地形。此地俗稱龍門
天險，平常若溯溪谷而上，往往受困於此而無法繼續前進或
高繞。從光禿崖壁的水線更可以推測暴雨時水量驚人

瑪拉拉歐溪溪底冒著溫泉及氣泡之處形成一道
白痕

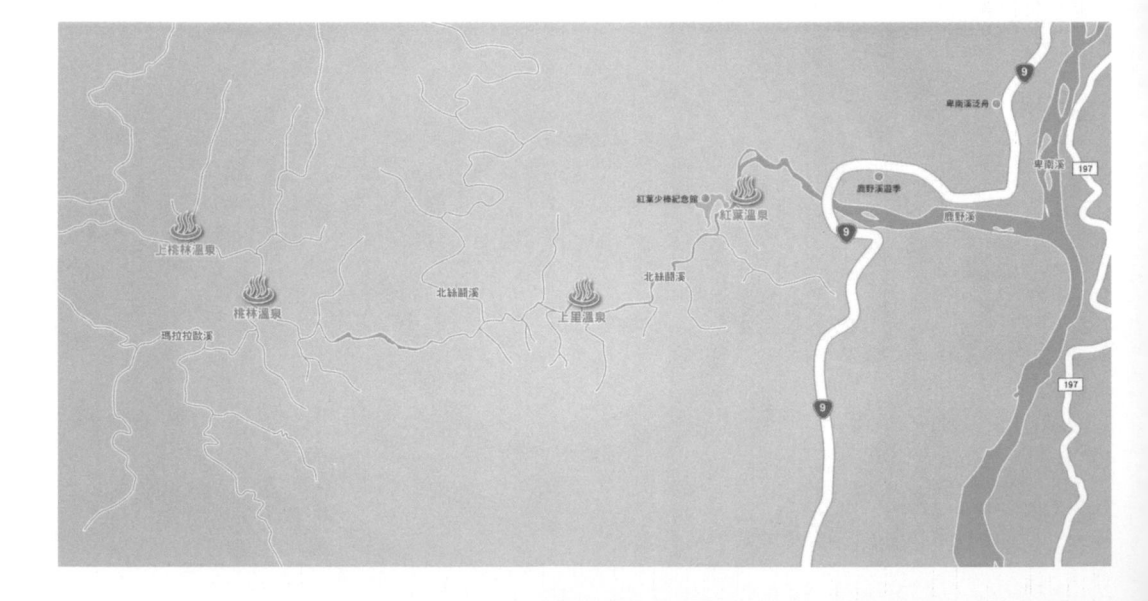

34 轆轆

南横東段隱秘的沸騰之泉

新武呂溪流域分布著不少溫泉，像是栗松、碧山、霧鹿、下馬與彩霞等等。由於南横東段沿著新武呂溪闢建，所以前往上述溫泉的路徑皆不遠，難度不算高。只有轆轆溫泉因位置不在新武呂溪主流，而是冒湧於其支流大崙溪深處，所以相對而言較為隱秘低調，也得多花些準備才得以親訪風采。

從臺東關山出發，過了嘉寶隧道後，要留意立即選擇左側的產業道路而上。這段產業道路後半段路況並不佳，車子沒四輪傳動就別輕易嘗試進入。經過反覆的之字形轉彎會抵達一片旱梯田間的平臺，通常湯友都是在此處停車、整裝，平緩一下心情以應付接下來的挑戰。

步行的小徑一開始就是陡上，先給湯友們來個下馬威。上攀約 1 個小時到達稜線鞍部時，往往大家都已是滿頭滿身的淋漓大汗，不得不停下來喘口氣、喝口水。接下來雖是一段讓人放下戒心的平緩腰繞路，等在後頭的卻是驟然陡下800 公尺的魔鬼挑戰。很多人在此都是一路踉蹌，心底不免開始嘀咕：那麼長、

那麼陡的坡，回程走得上來嗎？其實，正是因為太陡了，下坡也不容易，得一步一步落腳，所以反向爬昇時，所需花費的時間倒也差不多。只要記得調好呼吸，手腳併用地緩步而上，分多次休息，那也就不會感到前途無盡了。況且林間總是藏有許多植物小珍寶，肯放慢腳步，他們才會出面向你打招呼。

山徑有一段很貼近崖壁。腳下的一灣溪流便是轆轆溫泉所在的大崙溪。2005年拜訪時已經看到這裏有片山崩造成的裸露地了，2007年來了一次更大的崩坍，大量落下的土石堵住了大崙溪河道，形成堰塞湖。那湖使得後頭溪流的水位上升，幾乎淹沒了溫泉。幸虧最後溪水開始越過土堤溢流，慢慢地將砂土帶走，也解除了突然潰堤而讓下游遭受洪水浸襲的危機。

好不容易結束 800 公尺高度對膝蓋的折磨後，山徑下切溪谷處對岸就是大崙溪與支流轆轆溪的交匯處，溫泉便也到了。這裏通常有大片的營地可供紮營，溫泉的狀況則端視每年河砂淤積的程度而改變。有時僅能勉強圍出低溫的湯池，有時則雖是寒流來襲，晚上睡在帳篷裏也不用鑽進睡袋，因為陣陣的熱氣烘得整個地面十分溫暖，像是待在暖房裏。

不過，轆轆溫泉最值得一瞧的主露頭是位在更上游的峽谷裏。離營地是不遠，大約 600 公尺的距離，但通常都在第二天才會好整以暇的上溯探訪，主要是因為有時地形還不少，得花些時間跨越。例如在 2005 年時便得先游過幾道冰冷的潭水，或是攀爬臨潭參差的灰色大理岩。但克服這些障礙是十分值得的！轆轆溫泉的主露頭水量十分豐盛，而且溫度幾近沸騰，大股的白色水霧幾乎可以直升至 10 層樓的高度，非常壯觀。在有次上溯過溪中，負責煮午餐隊友的爐頭不慎隨水流飄走，但幸虧轆轆溫泉高達 99 度，就光靠溫泉，他也是調理出一大盆滿滿是料的火鍋，還配上每人一杯燙手咖啡呢！真正做到節能減碳。

位置：臺東縣海端鄉霧鹿村
TW67 X:254116 Y:2558231
抵達難易度：難
型態：未開發溫泉區
泉質：鹼性碳酸氫鈉泉
pH 值：9.0
溫度：攝氏 99 度

峽谷間也充滿了所謂的溫泉味，這溫泉味便是「硫化氫」的味道。伴隨溫泉湧出的硫化氫氣體在氧化後，會形成元素硫，若濃度夠高，便會直接在溫泉湧出孔一旁析出針狀的硫黃結晶。一般在火山地區的硫氣孔才有濃度夠高的硫化氫氣體以形成針狀硫黃，在變質岩區的溫泉我則幾乎沒見過，想不到轆轆溫泉這倒有呢！

過了溫泉主露頭不久，眼前便是一道金黃色的峽谷入口。這處峽谷是凱翁大峽谷。過去只有在連月不降雨，大崙溪水勢小的時候，才有機會略進到凱翁大峽谷瞧瞧。2014 年探訪時峽谷口被砂石填了部份，所以得以再往上一小段。探頭看看裏頭的情景。原來不只是峽谷外有溫泉，峽谷內也是白煙道道，溫泉處處。

湊近一瞧，原來峽谷內的出露的岩石就是傳聞中的大崙溪變質花崗岩！在朋友 River 的協助下，敲了一塊標本帶回家，橫切後拋光長得就像一般大樓裝潢會使用的白色花崗岩磚，其間散布著不少黑色的鐵鎂質礦物。根據中研院余震甫研究員的鋯石定年結果，此大崙變質花崗岩的年代相當老，約是 2 億年前所形成的，真可算得上是臺灣這個年輕島嶼上元老級的岩石了。

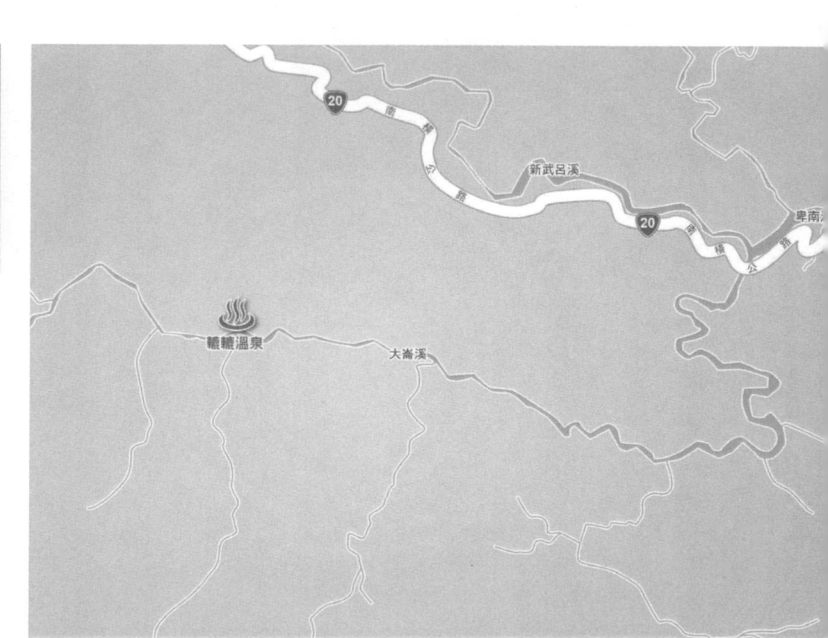

大崙變質花崗岩切開來的新鮮剖面。

溫泉主露頭的上游河谷屬於堅硬的大崙變質花崗岩,呈現峽谷及連續短瀑地形。雖然遠望可知其內兩側崖壁也多有溫泉湧出,卻是難以入內觀察。(攝影:阿棠)

1. 轆轆溫泉主露頭的溫度高,泉量豐沛,容易築出可容納多人一同泡湯的大池子

2. 2014 年轆轆溫泉依然活力旺盛,噴濺著大量的沸騰熱水

3. 2005 年在轆轆溫泉主露頭前有一灣深潭,非得游泳才能涉渡抵達

4. 因大量土石崩落暫時堵塞大崙溪河道所形成的堰塞湖

5. 營地邊的溫泉池

35 栗松

臺灣最美的野溪溫泉

栗松溫泉位在臺東新武呂溪上，榮耀地被湯友冠以「臺灣最美麗的野溪溫泉」頭銜，事實上也名不虛傳。那年元旦天氣初晴，攀援陡峭的山壁小徑下至溪谷底，喘口氣抬頭，映入眼簾的竟是似乎只在月曆才能見到的一樹紅葉。那株槭樹由山壁斜斜伸向天際，紅葉璀璨映襯在平緩和徐的明亮水面上，悠悠盪著，近處淺灘還浮著幾片紅透的掌葉來回打轉。明麗的紅襯著碧清輕寒的溪水，出其不意的視覺心靈震撼，真令人一眼難忘！

而溫泉就琵琶半遮地藏在上游不遠的流水轉折處。那兒有片片曲折披掛的細緻白色石灰華，暈染著翠色青藻，像是山間精靈特意佈置綴上的浪漫帳幔。帳幔下就是供浴的溫泉池，蒸氣瀰漫氤氳。躺臥其中，山澗淙淙而熱水淋漓，真是絕頂享受，一湯入魂。

前往栗松溫泉的路程不遠，從南橫 179.5 公里處轉產業道路下開一段，在終點菜園旁停妥車後，僅需再徒步下切 45 分鐘便可抵達。儘管沿途山勢陡峭，路徑卻清晰易辨，算是富有挑戰又不至讓人生畏的中級野溪溫泉。也難怪不少電視冒險旅遊節目都曾經介紹過，畢竟有賣點而不賣命的景點也不是那麼好找。

在過往的歲月裏栗松溫泉也有些別名，有時叫「利稻溫泉」，有時稱「戒莫斯溫泉」，也有人取為「摩天溫泉」。後面這些命名的準則很簡單，只是替她冠上附近的地名或原住民舊部落名稱而已，簡單明瞭。我心底比較好奇的是，那為什麼「栗松」最後會出線，贏得后冠呢？我胡亂編織的緣由是因稍南邊有出產板栗的「栗園」，而附近剛好又長著不少松樹，兩者各取一字，融為一爐。後來看網路上的資料有提到，布農族人一向稱溫泉為「達大」。這裏同樣是布農族傳統活動範圍，或許他們過往稱這裏為達大也說不定呢！

栗松溫泉最有名的就是從崖壁披垂而下，狀如帳幔的白色石灰華沉澱，成片的溫泉水順其滑落，是山林裏天成的花灑。在微微凹陷的山壁內，另有從滴滲溫

泉間長出的錐狀倒吊石灰華，就像是在溶洞裏生成的鐘乳石般。一般在石灰岩溶洞內，因為地下水滲流緩慢，涓涓滴滴的，水中所含的礦物質濃度又遠低於溫泉水，所以鐘乳石生長累積極為不易，得花上幾千幾萬年才能有較大的形體。而溫泉水因為具有濃度高的碳酸氫根離子與鈣離子，一旦上湧到地面，壓力減輕，立即結合而沉澱出大量的碳酸鈣來，因此溫泉石灰華的生長速度比想像中快得多。

只可惜臺灣的溫泉水量分散且大都緊臨溪邊，大水一來就把上年的累積沖毀了，見不到大型的石灰華地形。但相較於其他擁有石灰華沉澱的溫泉（如南投樂樂谷溫泉、臺東桃林溫泉等），栗松溫泉的石灰華可以保留得較久，累積出相對壯觀的景像。什麼因素造成這種現象呢？經由觀察周邊地形，我推測這是因為栗松溫泉湧水口是位於一道峽谷窄門的右岸凹壁內。當上游的大水沖過峽谷口時，主要的撞擊力是打在左岸，所以石灰華所遭受到的破壞就較小了。而樂樂谷溫泉和桃林溫泉都位在主河道邊，洪峰一至，溪水裏所夾雜的石塊奔流碰撞，當然一下就把冬季累積生成的美麗石灰華摧毀。也是因為栗松溫泉的湧泉口高高地懸在崖壁上，而非緊臨溪側，才能形成各式各樣的石灰華讓我們欣賞。

栗松溫泉的白色石灰華更為與眾不同處是其上漾著翠綠色，波光粼粼間真是美極了。那寶石色調的綠是來自於喜愛高溫的藻類。耐得了高溫熱水的藻類和細菌種類不少，是研究地球肇生於惡劣環境裏，初始生命的一個突破點。這些生命之祖於陽光照耀下能折射出不同的顏色。美國的黃石公園以大量、大範圍的溫泉熱水聞名。由空中俯瞰而下，那兒的溫泉池自深至淺往往就有漸層的，七彩的顏色，這便是由於當熱水由深處上湧而緩慢降溫時，不同深度棲息的就是適應不同溫度的各種細菌，也就顯出了相異的顏色。

大崩壁

位置：臺東縣海端鄉利稻村
TW67 X:252764 Y:2566265
抵達難易度：中
型態：未開發溫泉區
泉質：鹼性碳酸氫鈉泉
pH值：8.3
溫度：攝氏 56 度

♨
栗松

台灣秘境溫泉

175

雖然這些珍貴的石灰華小地形每年都會重生，但為了其他山友的權益，可千萬不要伸手敲擊或是扔折！因為這是屬於大眾公共的財產，不要那麼自私地隨意破壞。而且，這些生物和石灰華脫離了熱水的滋潤，就算拿回家也喪失了光澤，只是一塊擺著都嫌醜的廢石而已。

除了溫泉本身析出的碳酸鈣，據我的經驗，只要接近溫泉了，仔細找一下，總可以先在溪谷旁發現不少其他樣式的碳酸鈣沉澱物。在栗松溫泉的下游我就看到呈管狀糾纏，多層次的碳酸鈣沉澱。其形成的原因應該是地下水在滴落之際呈環狀，碳酸鈣也就慢慢地沉澱成中空的管子。因為碳酸鈣在管壁四周堆積的速率不一，管子不免彎曲。而後來的水繼續通過管子流動，一方面使得管子加長，另一方面卻讓管徑逐漸縮小，最後就完全密閉阻塞了。我想這麼美麗的石頭，若再加以琢磨，肯定更出色，或許可以做成墜子或是手鐲之類的飾品。

有朋友曾經大膽地游入深潭，轉進那因溪水拐了個大彎而看不見的上游。他說那邊也有溫泉湧出，只是都直接瀉進冰涼的潭水裏，想要泡也沒辦法。這兒的缺點就是地形窄迫，沒有紮營的餘裕，還是規劃當天往返的行程比較適宜。

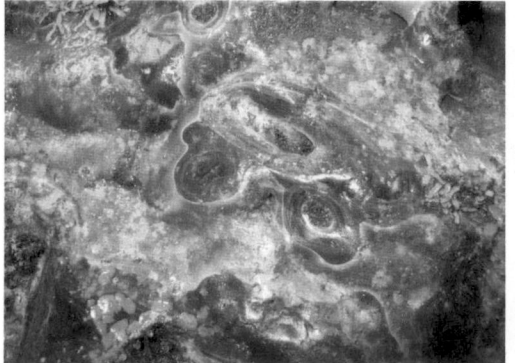

各式的碳酸鈣沉澱物

1. 栗松擁有碧綠粉白夾雜的溫泉壁，被譽為臺灣最美的野溪溫泉

2. 溫泉瀑布

3. 栗松溫泉湧泉處，有塊石頭外形實在很像錘破岩層而出的拳頭！讓我聯想起周星馳電影「功夫」中那打在交通號誌鐵牆上的如來神掌印模。該不會是有個犯了罪的精靈被天神鎮壓在山裏，憤恨惱怒間狂打崖壁。就因為這石破天驚的一拳，震碎了大地，才讓溫暖的泉水得以汩汩泊湧而出吧？

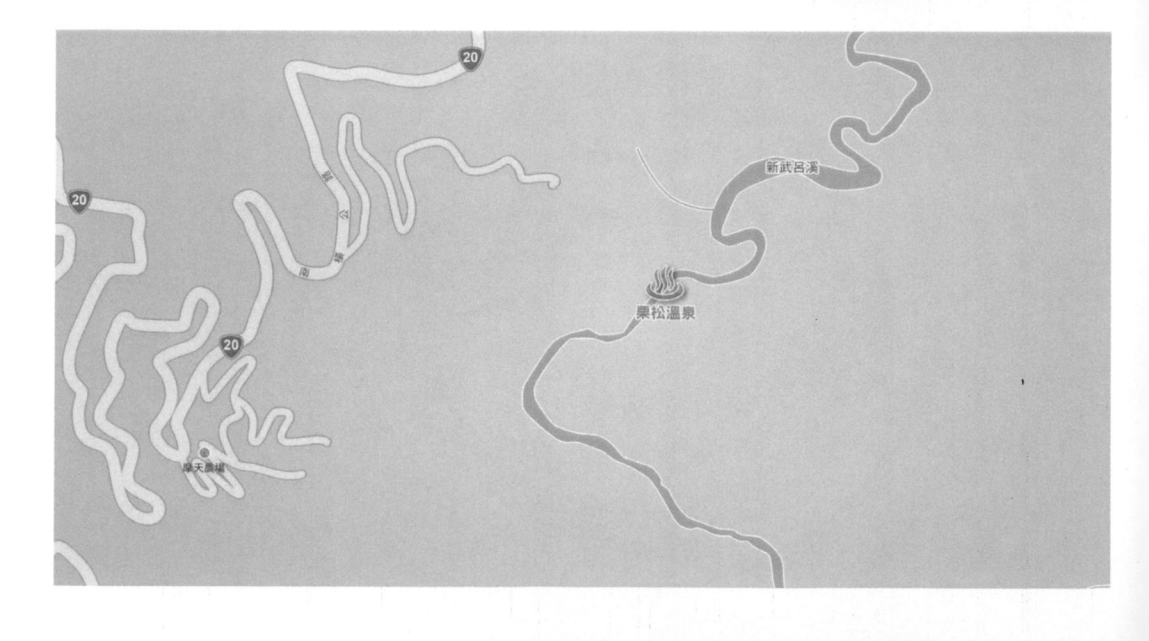

36 安通

安通濯暖

安通溫泉又稱為玉里溫泉，早期以「安通濯暖」之美名列入花蓮八景。她也還有另一個比較少聽聞的別名叫紅座溫泉。這是因為溫泉湧出地位於阿美族的紅座（Angcoh）社附近之故（紅座社目前已改稱安通部落）。

阿美族人當初因溫泉散發出來的硫化氫味道不好聞（阿美族語臭味：Angcoh），便把一旁的部落也稱做 Angcoh。臺灣人以閩南語發音將其轉成了「紅座」兩個字，後來的日本人又據之翻成「安通」。在日據時期安通部落因花東鐵路建設穿越原址，又因地勢低，颱風過境每每帶給部落嚴重災情，所以向南遷村了 1 公里，更靠近了溫泉些。

根據臺灣總督府內務局 1931 年《史蹟天然紀念物資料調查》所載，玉里（安通）溫泉位於花蓮港廳玉里支廳玉里庄下勝灣，是 1854 年（清咸豐 4 年）由三名原住民在溪中發現。這算是最早的安通溫泉發現紀錄了。

紅座溫泉公共浴場（花蓮港廳）《臺灣的礦泉》（1930）

在 1930 年所出版「臺灣的礦泉」一書中有一張紅座公共浴場照片。後方佇立的那棵大樹氣宇昂揚，擎天似地撐開傘蓋，蔭覆其下的溪側茅頂溫泉小屋。一道斜折的石砌階梯將遊客腳步自後棟日式建物牽引至卵石壘壘的安通溪畔。溪水柔弱，理應是適合浸浴的冬季，然而這照片卻給我一種炎夏午後，眾人及門前狗皆在蟬鳴聲陣中午寐的田園況味。

1932（昭和 7）年，東臺灣新報編輯毛利之俊帶領攝影師等，歷時半年，沿鐵道、海岸線，也循著警備道路，逐一探訪東部深山景致與原住民族，用照片為當時遺

世的後山留下凍結的影像紀錄。行程結束後，毛利之俊編攥了一本由東臺灣曉生社在 1933（昭和 8）年出版的「東臺灣展望」。很幸運地，我多年前曾和一位熱愛文史的花蓮葉柏強先生有過交流，他剛好買有原版書，因此便將有關安通溫泉的部份以清晰的掃描檔寄給我參考。

在該書中，對玉里（安通）溫泉有一小段描述，大意如下：「在安通車站東邊 24 丁（1 丁約 360 公尺），林木香繞，翠色欲滴的溪畔，有數幢浴室設立。此處溫泉常保於攝氏 60 餘度。冬季舒適，夏日溪水清涼又有拂袂微風，同樣怡人。

明治 37 年時（1904），在山區製腦的日人出口久米七建了座規模適中的溫泉浴室營運，命名為「安通溫泉」。昭和 5 年（1930）玉里庄募集了一萬圓的補助與寄付，興築新的浴場，並在下嫪灣青年會員的奉獻下完成道路闢建。此後散步與觀光的人與日俱增，成了東部著名景點。泉質含量為多量的硫酸鈉、硫酸鉀，無色透明。」

另外找到的資料則對新浴場的籌資有更詳盡的說明：1930（昭和 5）年玉里庄接手出口氏的溫泉浴場，再由鐵道路新元財團（3000 圓）、警察協會（3500 圓）、明治救濟團（3500 圓），和庄內有心人士共同集資 11,000 餘圓，改築成為「玉里溫泉公共浴場」。公共浴場的建立引來人潮，附近也開始出現旅館經營。

戰後，安通溫泉先由鎮公所接管，開設「玉里溫泉公共浴場」，民國 63 年再由民間業者買下經營權，改為「安通溫泉大旅社」。業者當時直接將寫有玉里溫泉公共浴場的匾額翻過來刻上「安通溫泉大旅社」後繼續使用，相當有趣且具有歷史價值。

舊時玉里溫泉

雖然目前營業中的溫泉旅店改為鋼筋混凝土式建築，不過有心的業者在飯店後方仍保留下昔日木造的日式老旅館。近幾年更接受政府補助，將整棟建築重新整修，儘量恢復昔日的樣貌。走在顯露屋頂梁桁的空間裏，通間的榻榻米床舖以及透進綠意的格子窗迴廊，讓整棟建築散發出一股幽靜怡人、古色古香的氣息，也因而吸引了不少電視劇組到此取景。

在前述「東臺灣展望」一書中同時也包含了一張 1932 年溫泉浴場的老照片，彌足珍貴。在這張照片可以清晰看到現在都還留存的老建物，尤其是大門，都保留得一模一樣呢！對照來看，特別有種穿越時光之感。

安通溫泉是海岸山脈裏溫度最高，泉量也最豐富的溫泉了。海岸山脈的溫泉泉質和中央山脈裏的眾多溫泉不同，含有濃度特別高的氯離子，嚐起來有鹹味，此外也具有大量的硫酸根離子，溫泉水接觸到空氣一陣子就會轉成淡淡的乳青色。很特別，值得安排一趟假期來訪泡湯。

保留下的日式溫泉旅社後來改成安通溫泉歷史建築文物館

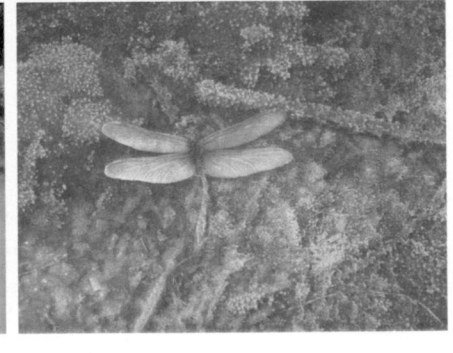

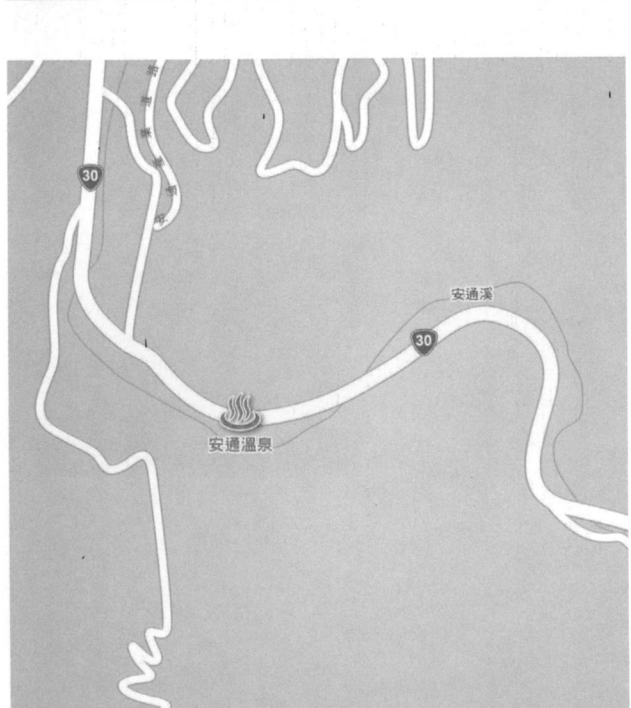

1	2
3	4

1. 安通溫泉湧出於安通溪畔，溪旁設有免費的
　露天浴池
2. 戶外 SPA 溫泉池
3. 寬闊大器的室外池。安通溫泉水接觸空氣一
　段時間後會轉化成淡青色
4. 溫泉池裏被碳酸鈣石化的蜻蜓

位置：花蓮縣富里鄉吳江村
TW67 X:284001 Y:2575765
抵達難易度：易
型態：已開發溫泉區
泉質：中性氯化物硫酸鹽泉
pH值：7.3
溫度：攝氏 66 度

---

37 瑞穗

湧自半山腰上的生男之湯

「瑞穗溫泉」位於花蓮縣萬榮鄉紅葉村 23 號一帶，但因緊臨瑞穗，倒被稱為「瑞穗溫泉」。與其相距約 2 公里，更靠中央山脈內側的紅葉村 188 號另有一處著名的紅葉溫泉，稱內溫泉，相對而言，瑞穗溫泉就被當地人暱稱為「外溫泉」了。這兩處溫泉距離不遠，水質差異卻很大，「瑞穗溫泉」泉水呈現棕紅色，鐵質含量相當高，嚐起來帶著鹹味，而「紅葉溫泉」則是相當清澈，屬於無色無味的純正美人湯。

我大約 10 年前第一次拜訪瑞穗溫泉，那時大雨滂沱，街上似乎也沒什麼別的溫泉旅館店招，反正我匆匆地停好車，擎起雨傘就跑進山坡上的溫泉老店裏詢問溫泉湧出的位置。接待我的一位男員工相當純樸好心，冒大雨也是撐著傘帶我走了好一段斜坡，繞到旅社後頭的溫泉井及蓄水池瞧瞧，讓我得以見到瑞穗溫泉源頭，雖然已不是天然自湧的了。

瑞穗溫泉源頭位於紅葉溪上游虎頭山南麓，瑞穗溫泉旅社後的山坡。工業技術研究院曾於此鑿了一口 500 公尺深的探勘井，井底溫度約可達攝氏 104 度。這裏的溫泉水最大的特色便是一旦湧出地面接觸空氣後，原本水中富含的可溶性二價鐵便會氧化成不溶於水的三價鐵，自水中析出，因此這溫泉總呈現明亮的棕黃色調，聞起來明顯帶著鐵鏽味。

染色的碳酸鈣結晶

隔了 10 年後我才又因路過而進來晃晃。將車子停妥在停車場那棵碩大的茄冬樹旁，入眼的一切都仍熟悉，似乎沒什麼太大的變化。其實，我是喜歡這樣老風情的，讓人感到歲月靜好。只是旅社的經營者也不知是不是生意不佳，沒有太多的經費投入環境修整，很多地方都因陋就簡，破壞了泡湯這種休閒活動該有的典雅氛圍。

1919（大正 8）年 3 月日本警備線勤務的警部補下出氏在追趕潛出警戒線之外的原住民時發現了這處溫泉。翌年（1920）3 月，日人選擇在瑞穗驛西方紅葉溪支流附近一帶的瑞穗村臺地上開始籌建警備人員浴場，並於 1921 年 3 月落成。後由花蓮港廳於 4 月時，再利用公共衛生費 1,670 圓興建屬於木造民家式樣建築的浴室，開始經營公共浴場。

1921 年 12 月，此地又另籌建警察療養所，半年後（1922 年 5 月 21 日）落成。這處療養所由當時臺灣軍司令官陸軍大將福點雅太郎親筆揮毫題匾，將之命名為「滴翠閣」。以上這些建物所在地就是現在「瑞穗溫泉旅館」的前身，不過時至今日，我唯一還能辨認出的舊物，大概就是入口處的階梯了。

此溫泉在日據時期係為警察渡假招待所，後改為肺病調養所。因水質極佳，早期即成為旅遊盛地，每到假日人潮熙攘，絡繹不絕。又因據傳浸泡過該溫泉的夫妻生育男孩的機率高，所以有生男之泉之稱。其實谷關溫泉過去也號稱是生男之湯，我想，這可能是為迎合過去重男輕女臺灣社會，想多吸引些遊客所提出來的名堂花招吧？

光復初期瑞穗溫泉大門景致　　　　　　　　　光復初期沿著石階步道前往瑞穗溫泉參觀的旅人

根據瑞穗鄉誌的記載，1933（昭和 8）年 8 月，日人在花蓮港專賣支局之指導斡旋下，在瑞祥村地區設計移民村，以耕作菸草為主要物產。根據鳳林郡要覽（1939）記載，在西元 1937（昭和 12）年瑞穗地區共種植菸草 106 甲，產量 18,431 公斤，共得 105,84 圓。當時種植菸草是日本人的專利，不過臺灣光復後，煙草仍是瑞穗當地重要的經濟作物之一。

而今雖然菸農不再種植菸草，但在瑞穗鄉內卻依然可見菸樓的遺跡。菸樓是貯存及燻烤菸葉的建築物，外型挑高並以夯實的土埆磚砌造而成，堅固耐用。屋頂上方為了排煙而加了一挑高閣樓，外觀上形成二層屋頂，風格獨特。其土埆壁裏還會夾雜稻殼、稻梗。據說是如此能增加保溫能力，將煙燻的熱度加以保存，以節省柴燒費用。到瑞穗泡完湯，不妨到街上找找這些美麗的菸樓，來趟建築文化小旅遊。

局部毀損的煙樓。本來在這棟土黃色的建築外還圍了間覆瓦的單層木造平房，現已經消失不見

瑞穗溫泉現今的景致

1 2
1. 室外寬廣的浴池蓄滿了棕紅色的溫泉水。個
   人不甚喜歡池水上方的塑膠篷頂及橫空而出
   的導水管，破壞了泡湯環境該有的悠閒氣氛
2. 設備樸實簡單的湯屋

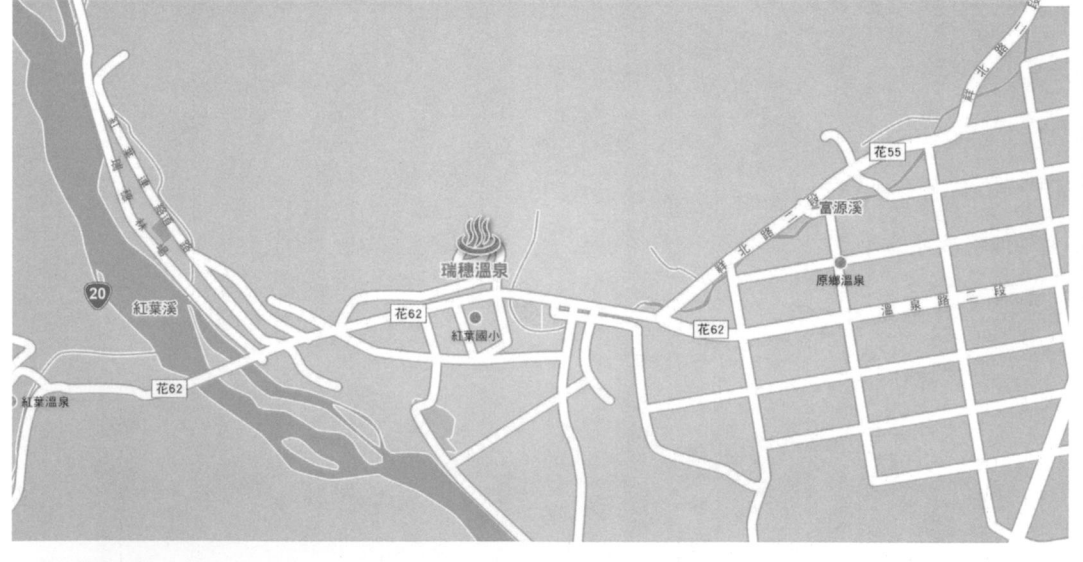

位置：花蓮縣瑞穗鄉紅葉村
TW67 X:285101 Y:2599307
抵達難易度：易
型態：已開發溫泉區
泉質：中性碳酸鹽氯化物泉
pH 值：6.5
溫度：攝氏 48 度

38 萬榮

鴛鴦谷裏浴溫泉

萬榮溫泉湧於花蓮縣的萬里橋溪畔，我一直覺得「萬里橋溪」與橫跨其上的「萬里溪橋」兩個詞真像是在繞口令。萬里橋溪發源自中央山脈白石、安東軍、能高等百岳山頭的東側，在鳳林注入花蓮溪。昔日名列臺灣第四大林場的林田山便是位於這條溪上游的集水區內。

早在 1918 年日本人就已在當時稱為「森坂」（日文發音為「摩里薩卡」）的林田山地區進行伐木。自 1939 年開始，日本的臺灣興業株式會社取得森林採伐許可證之後，正式開始進行伐木作業，同時也於現今的森榮里興建辦公廳舍、住宅。光復之後，伐木作業繼續進行，在 1960 年代更達到全盛時期。當時的森榮聚集了約四、五百戶人家、二千多人，有小學校、幼稚園、中山堂、製材廠、火車站、修理廠、醫務室、福利社、食堂、公共浴室、攤販市場等，繁榮的景象讓這裡有『小上海』之稱。

當時有一條輕便鐵路沿著溪谷迂迴而上，終止於海拔 2600 公尺的中央山脈稜線東側。這條鐵道既載運伐木工人與機器上山，也輸送原木而下。因為陡峭地形的限制，沿途有三處路段是架設高空纜車索道以連接伐木鐵路。伐木鐵路上山時首次銜接纜車的地點就是在萬里橋溪畔俗稱「鴛鴦谷」的野溪溫泉附近。當年蒸汽小火車和流籠纜車在此接駁時，下山的工人都常選擇在此洗去一身風塵與疲累，而上山者則趁機泡澡養精蓄銳一番。

後來臺灣林業經營方針改變，1987 年起林田山全面停止伐木，林田山的伐木工人漸漸散去，這個近半世紀的林場就此沉寂，由絢爛歸於平淡，逐漸沒落蕭條。而隨著鐵道的毀朽中斷，這處溫泉便也罕有遊客再光臨。

林田山林業文化園區內的宿舍內部展示廳一角

林務局花蓮林區管理處於民國九十年六月規劃完成了「林田山林業文化園區」，為
園區的林業歷史做更妥善的保存，並逐年整修鐵道、展示館、中山堂、遊客服務中心、
場長宿舍與木雕館等，使林田山成為東部地區林業文化保存最完善的地方。

萬榮溫泉鐵質含量高，水色棕紅，微帶鏽味

而前文所提到的「鴛鴦谷溫泉」，就是現在的「萬榮溫泉」。自林田山林業文化園
區附近開始溯行而上，腳程快些的人，約莫一個小時就可以聞到空氣裏飄著淡淡的
硫黃味，這便代表萬榮溫泉已經到了！萬里橋溪兩岸在此河段出露的是臺灣最古老
岩體「大南澳變質雜岩」中的黑色片岩，岩石呈灰黑色，紋理細緻曲折，滾落溪底
磨蝕成卵石，模樣相當討喜。而快速侵蝕下切的溪床則於兩岸留下壁立千尺的高崖，
行走其間，迫力十足。河岸側與溪流中的白色巨石嶙峋，也是一絕。

萬榮溫泉湧出的溫泉溫度超過 50℃，少量混合溪水，便能築出一處宜人的湯池。其
泉質較為特殊。以溫泉水所含有的主要離子來分類，屬於中性的碳酸氫鈉泉，但真
與一般俗稱「美人湯」的碳酸氫鈉泉相比之下，其所含的氯離子與鐵離子濃度又超

高。而呈鐵紅色暈染的溫泉池子也是這個溫泉的特色，尤其萬里橋溪的溪水在晴日陽光照射下呈現有如絲絨般的寶藍色，與溫泉池紅藍兩相襯映，十分好看。

萬里橋溪由於上游集水區範圍較為廣闊（最上源為著名的萬里池），因而即便是枯水期，水勢也還是頗為豐盛，涉渡時需小心為上。正因水源豐富，臺電原欲於此興建西寶水壩，引水發電。只是在執行三年後，第四年（94 年）的預算因環保抗爭而被立法院刪除，位處稍上游的萬榮溫泉也得以暫時倖存。

當初建壩工程施做時，在蓋電廠前先鑽探的通氣道兼逃生路線「不小心」打到了溫泉。雖然距溪床高約 30 公尺的坑道口已經被人以石塊與水泥封鎖，避免好奇人士進去探險而發生危險，還好尚留有孔道讓溫泉水源源不絕地流出，而且恰恰在洞口形成一處頗佳的湯池，一般稱做「摩里沙卡溫泉」。從池緣溢泛的熱水又在稍下方蓄成一可泡腳的淺池，然後才一股作氣奔下懸崖形成一道長滿黃綠色青苔的溫泉瀑。這種在懸崖洞窟前泡溫泉，欣賞腳下流淌蔚藍溪水的享受，也只有在這才能體驗得到啊！在前往萬榮溫泉的半途，不妨先來拜訪此湯。

而同樣在萬里橋溪更上游的樂嘉山西南側還有更難一親芳澤的樂嘉溫泉，據去過的朋友說，不僅僅是路徑的困難度大，沿途還有猖獗的螞蝗，不時地攻擊吸食人血，要到那個溫泉，挑戰性可是十足呢！

摩里沙卡溫泉下流崖壁前的淺池

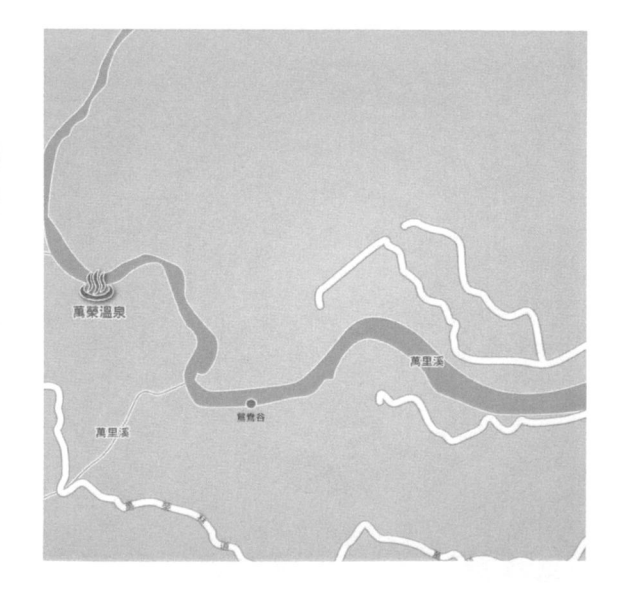

1. 摩里沙卡溫泉下流岩壁所形成的石灰華瀑布
2. 萬榮溫泉鮮艷明亮的互補色彩
3. 晴天之際萬里橋溪水常呈動人的寶藍色調

位置：花蓮縣萬榮鄉萬榮村
TW67 X:286925 Y:2624860
抵達難易度：中
型態：未開發溫泉區
泉質：中性碳酸鹽氯化物泉
pH 值：6.6
溫度：攝氏 50 度

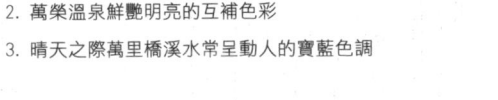

39 二子山

體驗野溪溫泉首選地

二子山溫泉是花蓮地區相當著名的一處野溪溫泉，位在二子山東側的恰堪溪上，湯以山名。溫泉北方有座湯上岳，反過來，倒是山因溫泉而名。此外，在溫泉的西南側還有個名字靈氣滿溢的千古寒山，聽著就覺得該有個世外高人深藏其中。

之前由於開採大理石礦的關係（二子山溫泉位在新東臺石礦礦區），每年總是有運送礦石的便道沿溪直闖到溫泉處，因此四輪傳動車可以長驅直入，直搗溫泉。這些年礦場開開停停的，警政機關也不再受理二子山溫泉行程的入山申請。交通不便，進去享受這天然野湯的遊客自然大大減少，也還原了此處安靜悠閒的氛圍。常常有人在問，吉普車是否還能直接通抵溫泉？這樣當然是方便輕可，然而蜂湧而至的遊客總是將溫泉區吵鬧得有如夜市一般，野溪溫泉該有的純樸寧靜本質都抹煞了。所以我倒喜歡一步一腳印慢慢地走，用一種膜拜的虔敬來接近她。

2004 年元旦那日我第一次來二子山溫泉並未成功，那時主要是受阻於深峻的大理石峽谷，沒能成功達陣。後來同樣選擇元旦假期再訪，水勢依舊盛大，只是

因隊友實力增加，所以順利地通過。其實在峽谷這兒就有溫泉水湧出，只是水溫大略就只 30 度，根本不能泡。會發現這裏有熱水湧出也是在第一次來二子山時，我記得那天強烈寒流來襲，花蓮的氣溫僅有 5 度。當進到峽谷還沒下水時，心就已經哆唆起來了。不料，真得一腳跨進溪水中，耶？倒沒有想像中那麼凍人心肺。好奇地往旁邊從大理石節理裂縫中流出的泉水摸去，果然就是暖暖熱熱的溫泉。

通過主要的大理石峽谷關卡，後頭便簡單了，約莫 1 個小時就能溯到溫泉處。雖然溫泉的湧泉處岩層是屬片岩，不過因其上下游都有厚層的大理岩，所以沿途景色秀麗壯觀兼具，湯池也可豪邁地以溪中的大理石塊圍成！泡在舒適宜人的暖泉裏看著遠方山嵐縹緲，還真是享受呢！可惜二子山的溫泉淡極，除了溫度，所有的礦物質濃度皆不達臺灣「溫泉基準」的法條規範。不過，天然就是天然，泡再久，手腳指的皮膚也不太會起皺，這點就和在家裏泡熱水澡有很大的不同了。

我們安排在此渡過完整的三天。原本心底還擔心會不會枯坐在帳篷裏無聊，結果感覺卻是一眨眼就得打包回程了。其實到野溪溫泉時間就是要充裕，慢慢地享受才是王道。現在流行「慢活」這個詞語，騎車是慢，走路更緩，也才更能仔仔細細地觀察所經過的小花小草小石頭。在二子山溫泉的一處小湧泉裏我就發現了一團會利用溫泉在冬季繁殖的日本樹蛙卵，多麼可愛。

頭兩日天氣不好，夜裏雨聲淅瀝，還聽見不遠處有落石，惱人入眠。而早上醒來，依舊「枕邊輕寒窗外雨」，霧氣厚濃，遮遮掩掩的。為了取暖，再跑到池子窩在溫泉裏，仰躺著，看對岸疊層的山巒在水氣裏氤氳，是天然的潑墨圖畫。而待得第三日轉晴，觸目所及自又是另一番光景，色彩明艷度大好。正如蘇子瞻形容西湖，「波光瀲灩晴方好，山色空濛雨亦奇」，真得是濃妝淡抹總相宜啊！

幽暗曲深的大理石峽谷，護守著二子山溫泉。峽谷內需要來往幾次的涉水，水流急速，水花四散，在看不清下腳處的情況下，過溪得特別小心

位置：花蓮縣秀林鄉西林村
TW67 X:285494 Y:2642260
抵達難易度：中
型態：未開發溫泉區
泉質：鹼性碳酸氫鈉泉
pH 值：8.0

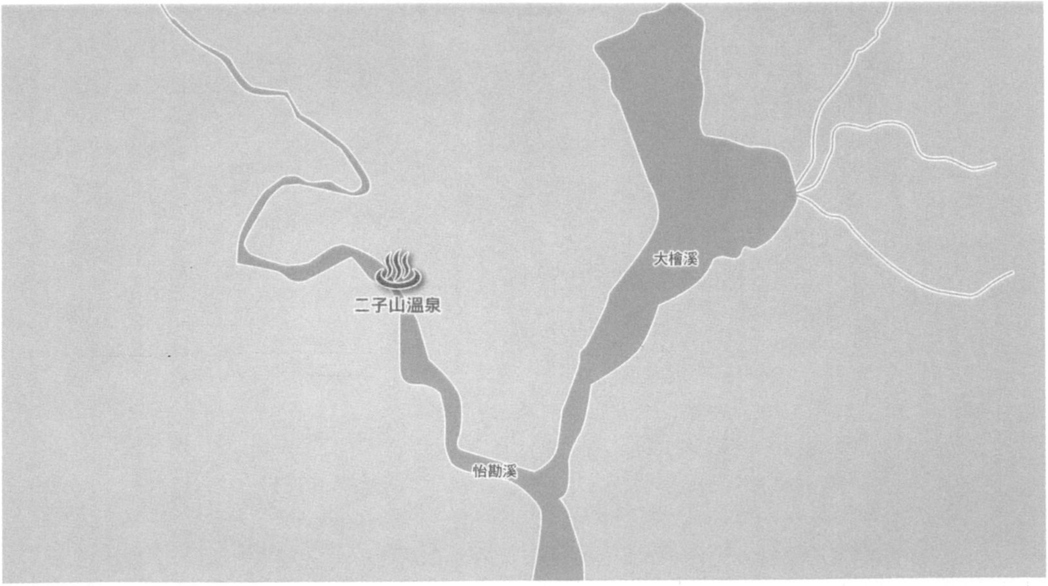

二子山溫泉

大檜溪

怡勘溪

1	
	3
2	4
	5

1. 為了開礦，工人們不惜深入溪流。照片裏這塊質地非常優良的大理石就
   有人工開採的痕跡

2. 以大理石圍成的豪氣湯池

3. 日本樹蛙懂得利用溫泉延長繁殖生長期，這就是下在溫泉出水口的青蛙
   蛋，一顆顆看起來真像粉圓

4. 利用地形築成階梯狀層層降溫的池子，可以挑選自己鍾意的溫度入浴

5. 在溫泉池邊準備跨年大餐，真是讓人覺得萬分幸福

40 文山

惘惘落石威脅，汨汨暖湯依舊

相傳在 1914 年的太魯閣戰役期間，一位日本深水少佐於探勘立霧溪流域時在其支流大沙溪畔發現了一處溫泉，因而此溫泉便被命名為「深水溫泉」。光復後，因溫泉鄰近塔比多社（今天祥），取其諧音而改稱「大北投溫泉」。後來塔比多社一帶依文天祥之名另稱天祥，此溫泉則取文天祥之號而再度易名為「文山溫泉」，沿用至今。

身為太魯閣國家公園內唯一的溫泉，因鄰近中橫公路，又是冒湧於兼具曲折娟秀與深峻挺拔之美的大理岩峽谷底，文山溫泉自然是眾遊客矚目之地。要拜訪文山溫泉，通常是將車子停妥於中橫公路上的泰山隧道東口停車場後，循著舖設有完善木棧的文山步道向下走，穿過低矮隧道，越過溫泉吊橋，再沿鑿自崖壁的之字形階梯而下，共花費約十餘分鐘便可抵達溫泉。

過去太魯閣國家公園管理處曾對文山溫泉的泡湯設施作過規劃改良（90 年 7 月底至 91 年 1 月初），天祥晶華渡假酒店（今太魯閣晶英酒店）接續認養維護，並將她列為推薦住客拜訪的景點之一。因此文山溫泉也曾算是全臺獨有，做過妥善規劃開發的野溪溫泉。

當時的文山溫泉依水溫與功能分成三個溫泉池，分別是親水池、泡水池和蒸汽池。親水池的水溫較低，適合親子一起在池中戲水。泡水池水溫較高、也較深，是為泡湯所設計。而原來溫泉露頭處的溫泉池，水溫太高，常令人卻步，因而將池底墊高，並加設木座，成為可享受蒸汽浴的蒸汽池。泡湯民眾常在木座上休息，享受天然溫泉蒸汽迴繞在身邊的暢然。

2003 年是我第一次到訪文山溫泉。泡湯時坐旁邊的一對夫妻提及他們每週都會不辭辛勞地從桃園來文山泡一回溫泉，這是因為他們身為花蓮人的姐夫原本的腎臟病就是因天天來泡而治癒的。泡溫泉與病癒之間倒底有沒有這樣神奇的關係我不清楚，不過這裏優美的風景會達到心靈放鬆效果倒是無庸置疑。

只不過文山溫泉緊臨大沙溪谷，每逢颱風豪雨，暴漲的溪水在峽谷間無處可去，每每淹沒溫泉池。待水退去，不僅溫泉池內淤沙，連周邊相關設施也常因沖毀而無法使用。更讓人不勝唏噓的是 2005 年 4 月 3 日 16 時半，文山溫泉發生土石崩落意外，多名正在池邊休息的泡湯遊客遭擊中，共造成了 1 死 7 傷，隨後文山溫泉，連同文山步道，便也封閉了。

太管處於意外發生後曾委託學者專家進行溫泉一帶山壁的地質調查，證實岩盤並不穩定，有多塊岩層節理遭自然風化出現大裂痕，隨時有掉落的危險，依照現場情況，萬一發生大規模落石，通往溫泉的吊橋就可能會遭到落石擊毀，並危及下方的湯客安全。

只是後來迫於觀光業界不斷陳情要求的壓力下，文山步道整修後於 2011 年 9 月 1 日再度開放，封閉逾 6 年的文山溫泉也不再嚴禁民眾進入。不過溫泉就只維持原有的自然型態，國家公園管理處不再對其做任何的建設開發了。即便如此，因為主要的洞窟湧水口還在，所以依舊吸引了不少人前來。我就曾遇過兩個遠道而來的日本男人，光天化日下也不扭捏地在我面前脫光衣服準備泡湯。泡溫泉對他們而言應該真得是至高享受，危險也暫時放一邊了。

其實太魯閣國家公園管理處認為依溫泉法規定，國家公園因未去申請取得溫泉水權，也沒有成立溫泉取供事業，所以不得主張溫泉之使用，而萬一發生了落石導致遊客傷亡，亦無法列入「園區公共意外責任險」保險理賠。再加上該溫泉仍會持續遭受洪氾侵襲，實不宜讓遊客涉險進行泡湯活動。只是因無法完全禁止遊客自行入內使用溫泉公共資源，國家公園目前也只能設置明顯告示牌提醒遊客隨時提高警覺，注意自身的安全了。

文山溫泉於日據時代稱為深水溫泉，一直頗富盛名
（圖片取自發行於日據時代之文山溫泉明信片）

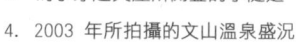

1. 在大沙溪畔疊石成池

2. 大沙溪為立霧溪的支流之一,右下角即為過去的溫泉池

3. 為了穿越突崖所開鑿的小隧道

4. 2003 年所拍攝的文山溫泉盛況

1	
2	3	4

橫跨大沙溪的溫泉吊橋。因為溫泉湧出區域一帶屬於落石警戒區,因此國家公園於吊橋口加設護欄及告示牌禁止遊客進入

位置:花蓮縣秀林鄉富世村
TW67 X:299028 Y:2677650
抵達難易度:易
型態:未開發溫泉區
泉質:中性硫酸鹽泉
pH 值:6.9
溫度:攝氏 48 度

太魯閣國家公園設有文山步道，自泰山隧道東口下切至溪邊溫泉，中途也貼心覓了一塊較大的平臺設置廁所及更衣室。只不過現今考量遊客安全，步道僅開放至吊橋處。

自中橫泰山隧道東口俯瞰湧自大理岩洞穴的文山溫泉

接近 50 度的熱水自大理岩裂隙間源源不絕地湧出

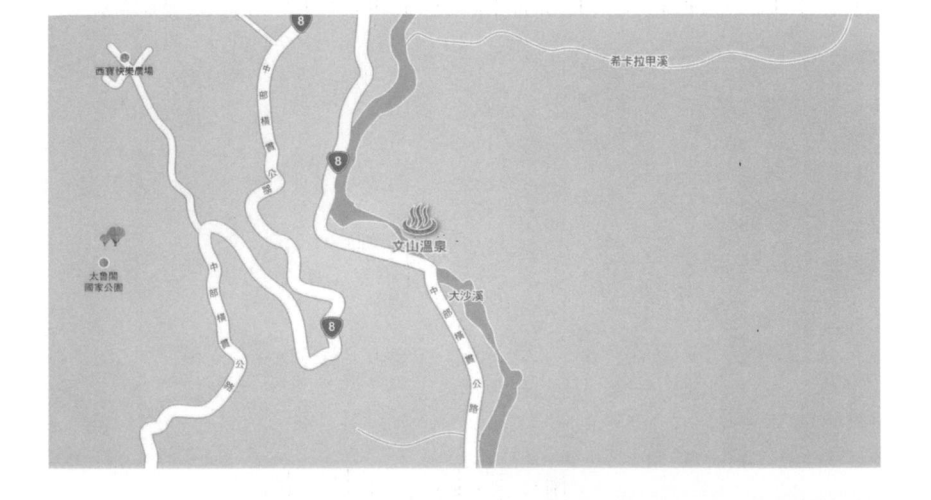

41 礁溪

遊人如織的百年老湯

礁溪溫泉在吳沙到宜蘭墾荒時即被發現，早期稱為「湯圍溫泉」。在 1830（道光 10）年應聘進入噶瑪蘭仰山書院的清朝詩人陳淑均也曾經為「湯圍溫泉」留下詩文：「華清今已冷香肌，別有溫泉沸四時；十里藍田融雪夜，幾家丹井吐煙絲。地經秋雨真浮海，人悟春風聽浴沂；好景蘭陽吟不盡，了應湯谷沁詩脾。」

日據初期，礁溪地區因溫泉資源而受到日本人重視。第一所溫泉旅館是 1906 年設立的「西山」溫泉旅館，接續則有圓山、樂園以及臺灣人開設的昇月樓等溫泉旅館開幕。其中樂園旅館雄偉富麗，占地甚廣。

1915（大正 4）年 10 月，宜蘭廳以公共衛生費 10,000 餘圓在現今礁溪車站西北方的小丘上興建公共浴場，為磚石造建築，並於 12 月正式開始管理經營。公共浴場分有男女浴室，收門票供一般沐浴，並可在招待室中打牌下圍棋，以供消遣。後因地方制度更改，1921（大正 10）年改由臺北州經營。

1930 出版的《臺灣的礦泉》內所附的礁溪溫泉公共浴場貴賓室照片
（翻拍自臺灣大學圖書館特藏室）

1923（大正 12）年 6 月，臺北州在公共浴場右側增築了一棟富麗堂皇的木造貴賓室款待官衙士紳，因環境優雅、花木扶疏，遊客趨之若鶩，據統計當年（1923）入浴者就達 4,800 多名。1919（大正 8）年宜蘭至礁溪段鐵道開通後在湯圍設置了礁溪溫泉場車站，1924（大正 13）年宜蘭縣鐵道全線通車，礁溪便更形熱鬧了。

礁溪溫泉熱水儲集於四稜砂岩層（變質砂岩）的裂隙中，向上湧升後自第四紀沖積平原的礫石層中湧出，熱氣騰騰，彙聚成俗稱「燒水溝」的溫泉溝，流經德陽、仁愛、礁溪路的精華市區，可說是礁溪溫泉的源頭與分布中心。

2005 年宜蘭縣政府在此闢建了「湯圍溝公園」，整個公園範圍從仁愛路一直延伸到礁溪路，面積大約 0.9 公頃。其內包含了水岸空間、景觀涼亭、免費溫泉泡腳池，並有公營收費的「湯圍風呂」男女裸湯等。在溫泉溝較上游處也仍保有一座免費的公共浴池。

另宜蘭縣政府於礁溪火車站北方約 500 公尺的公園路上舊有之礁溪公園（圓山公園）規劃設計了面積約 5.02 公頃的「礁溪溫泉公園」，除保留原有自然生態的環境，並建置以日本和風式設計、約可容納兩百人的泡湯池「森林風呂」，為礁溪觀光旅遊增添一處新景點。

溫泉泡腳池

溫泉泡腳池

溫泉公共澡堂

為重塑礁溪泡湯文化，發展礁溪泡湯特色，近年來宜蘭縣政府更以溫泉文化為主軸，輔以養生為訴求，於冬季辦理礁溪溫泉節，結合溫泉泡湯、溫泉介紹與各項藝術表演，溫泉節呈現嶄新的溫泉風貌，成為帶動地方產業的新興活動。

在雪山隧道通車後，礁溪一帶除了遊客大增，溫泉旅館大幅成長外，大型開發建案也如雨後春筍般到處開工。這些工程在施工期間開挖地下室，使用點井工法，也就是在基地範圍內鑿井，從井裡抽水，把水大量抽除，讓水位比開發基地還低，以利施工。如此的施工方法不但造成大量溫泉平白流掉，資源浪費，更引致水溫下降，各界批評不斷，因此目前宜蘭縣政府已經禁用此法。為了繼續工程，有的業者改採連續壁工法，成本雖然較高，但對環境衝擊較小。希望在政府的管制之下，未來礁溪溫泉水位降低，泉溫不足的問題能有明顯的改善。

礁溪溫泉還有一項非常有名的相關特產，那便是溫泉蔬菜，主要的品項有
蕹菜（空心菜）、絲瓜、茭白筍與番茄。當地的農民利用溫泉調節田間水
溫，使之保持在最適宜蔬菜成長的攝氏 22 至 33 度間，加上礁溪溫泉含有
適量的礦物質，增加了蔬菜的營養成份，使其具有特殊風味，清脆香甜。
因此這裏的蔬菜不但長得快、長得好，而且品質幼嫩，非常值得品嚐。

1		
2	3	4

1. 溫泉旅店的露天公共浴池
2. 溫泉湧水口造景
3. 溫泉茶葉蛋
4. 溫泉季

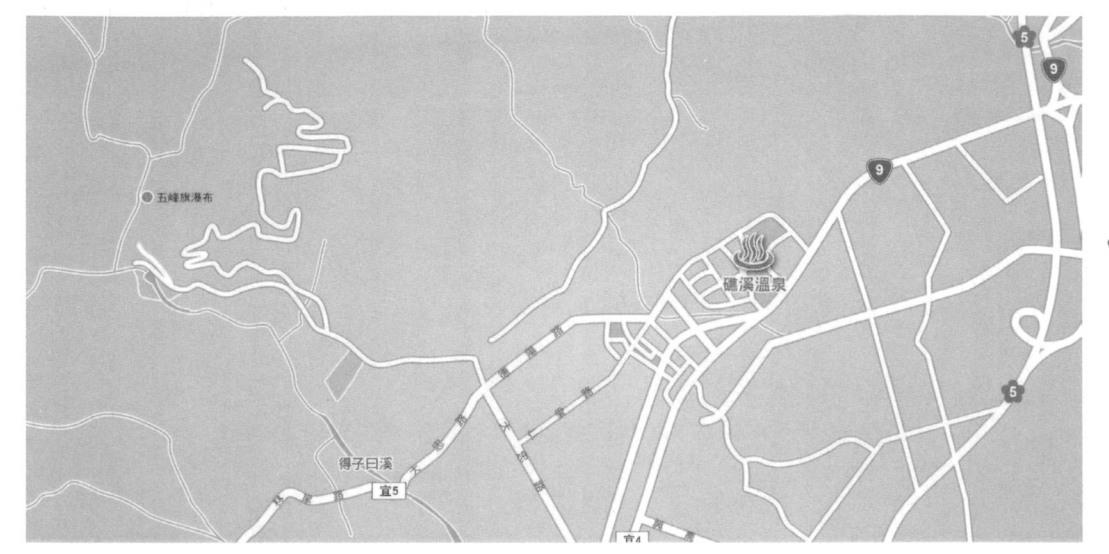

位置：宜蘭縣礁溪鄉德陽村
TW67 X:326727 Y:2747238
抵達難易度：易
型態：已開發溫泉區
泉質：中性碳酸氫鈉泉
pH 值：7.0
溫度：攝氏 61 度

五峰旗瀑布
地址：宜蘭縣礁溪鄉五峰路

五峰旗瀑布位於臺灣宜蘭縣礁溪鄉，為得子口溪上游支流的瀑布，是沿礁溪斷層所形成的斷層瀑布。根據「噶瑪蘭廳志」的記載，五峰旗之名，乃「...以形得名，五峰排列，如豎旗幟，...」，其名得自五座尖峰排列，酷似五面三角旗豎於此。瀑布分上、中、下三層，瀑布與其間河段累加落差超過 100 公尺。宜蘭縣政府在此設有五峰旗風景特定區，為宜蘭著名的旅遊景點。

42 清水

取之不竭用之不盡的地熱資源

清水地熱位於大同鄉清水村南側，湧升自平原與山麓交會的清水溪溪谷間。自台7丙線於清水橋前轉入沿清水溪闢建的產業道路，遠遠地便能瞧見纏綿青山配上藍天下裊裊騰升的地熱白煙，是一幅色彩鮮妍明媚的動人風景畫片。

多年前首次來到清水地熱，主要的溫泉露頭不偏不倚，就滾滾地自寬闊的河道中央礫石灘地間湧出，水量盛大，溫度高達攝氏95度。這樣的高溫溫泉愛吃的臺灣人自然不放過，那時眾多的遊客便圍成一圈，伸手遞出裝著玉米雞蛋的捕魚小網，利用源源不絕的熱水煮著分食。

當然這樣是危險的，總不時聽說好動小孩子不小心遭熱水燙傷的傳聞。現在宜蘭縣政府為考量安全，另外在溪畔廣闊的腹地設立了「清水地熱公園」，利用整修完畢的19號地熱井之熱水，設置可讓遊客安心利用的煮食及泡腳設施，將資源有效活用。

不知道你有沒有留心到？通常我們習慣對有熱泉湧出之處冠上最近的地名，稱之某某溫泉，然而大家卻總不加思考，自然而然地使用「清水地熱」而不是「清水溫泉」，來指稱宜蘭這處擁有豐富熱水溢流的風景區。

小知識 ════════════════════════════════
所謂「地熱」，指的是地底下的熱源，而溫泉就是地下熱源反應在地面上的一種徵兆。地熱算是一種取之不盡用之不竭的能量來源，國際上，像是冰島、美國、日本及菲律賓，都有運轉中的地熱發電廠。

────────────────────────────────────

1962年，美軍顧問團向美援秘書長兼經濟部礦業研究服務召集人李國鼎資政建議開發臺灣的地熱資源，於是中國石油公司與經濟部聯合礦業研究所便開始著手進行臺灣地熱資源調查。首先當然是挑選地熱資源最集中豐富的大屯火山區。接下來，清水也因為擁有豐富的溫泉徵兆而雀屏中選。

1976 年中油公司在此鑽探完成 6 口地熱井，井深介於 1500 至 2500 公尺間，井底的溫度則在攝氏 197 至 223 度間。有了這些大量高溫的熱水汽，國科會便著手籌建一座 1,500KW 的背壓式先導型地熱發電廠。該廠於 1980 年 7 月正式運轉發電。只是由於管壁被大量沉澱出來的碳酸鈣阻塞之故，地熱井的蒸汽產量逐漸降低，發電量也由最初的 1,500KW 降至 177KW，早就不符合經濟效益，於是發電廠不得不於 1993 年 11 月 15 日停止運轉。經統計，該廠歷年發電總量為 43,451,485KW，發電則時數為 100,855.13 小時。

近年來經濟部能源局補助宜蘭縣政府，重新對清水地熱田進行探勘與地熱資源開發。此外，能源局自 2006 年 3 月底啟動「地熱發電技術開發推廣計畫」，再於 2007 年 10 月展開為期三年的「地熱發電技術開發多目標利用推動計畫」。除加強探勘清水地熱區的地熱發電潛能外，深入探討過去發電失敗的可能原因和因應對策，同時也進行舊地熱生產井的整修，以恢復部份生產功能，在 2010 年以 50KW 型的卡林那循環（Kalina Cycle）系統及 280KW 型的有機朗肯循環（Organic Rankine Cycle）系統正式發電成功。只是因為管線結垢的問題似乎仍是無解，所以清水地熱發電的計畫，目前仍是暫時擱置，另外轉換地點進行研究開發。

已經廢棄的清水地熱井

已經廢棄的清水地熱發電廠廠外還殘存著輸送熱水熱汽的保溫管線

其實在清水溪畔仍有自岩壁及石灘間湧出的溫泉水。不少熱愛野溪溫泉的民眾總自動自發地選擇適宜之處圈池泡湯。我總覺得，發展溫泉旅遊並非一定得大肆地施作土木建設，弄得各溫泉區都像是五星池飯店裏的游泳池，ＳＰＡ池一樣。像是清水這裏，地方政府只要每年定期發包給廠商，利用現場的石塊材料規劃整理出適合的湯池，再搬來移動式廁所，就是很好的泡湯環境了。或許沒有大規模的經濟價值，但也有不少熱愛自然的民眾就是喜愛這樣的小品。

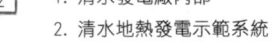 1. 清水發電廠內部
2. 清水地熱發電示範系統

清
水

204

位置：宜蘭縣三星鄉復興村
TW67 X:313340 Y:2723257
抵達難易度：中
型態：已開發溫泉區
泉質：中性碳酸氫鈉泉
pH值：6.7
溫度：攝氏64度

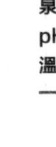

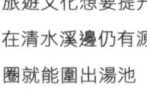

1. 煮蛋盛況
2. 在愛好泡湯人士的辛勤勞作下，這裏也有規模不小的露天湯池
3. 清水地熱公園內的煮食設施。可惜這裏的業者尚未提供如鳩之澤溫泉般的竹麻製煮籠，而仍沿用便宜的魚網。旅遊文化想要提升，還是得靠更多細節的積累。
4. 在清水溪邊仍有源源不絕的溫泉湧出，隨手撿拾石塊一圈就能圍出湯池

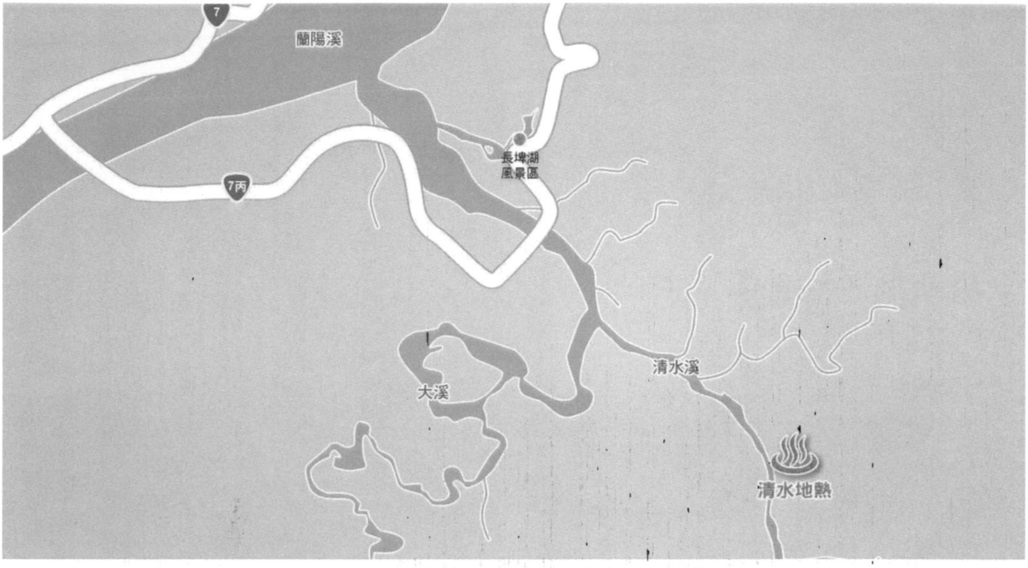

春天花意盎然的台七丙櫻花林

台七丙「天長地久」路段
地址：宜蘭縣

宜蘭台 7 丙線因有天送埤、長埤湖、地熱和九重溪等景點，被稱為「天長地久」路段。公路總局在沿線種了 2.5 萬棵櫻花，讓這裏成為近年來春季熱門的賞櫻景點，並拿下 104 年度的金路獎的公路景觀第 1 名。道路景觀施設運用了生態工法，利用坍方土石混摻大量樹葉，當作原生物種的植栽基材，另也將坍方的土方用來做生態溝和防土牆等，十分具有環保意識。

43 多望溪

講究地泡個野溪溫泉

雪山隧道開通後，自臺北到宜蘭十分快捷舒適，除了盛名早已遠播的礁溪溫泉，連原本深藏林間的鳩之澤溫泉也變得親民多了。

位於多望溪畔的鳩之澤溫泉在日據時代稱為「旭澤溫泉」或「鳩澤溫泉」。光復後由蘭陽林管處接手，改名為「仁澤溫泉」，近年則又改稱「鳩之澤溫泉」。鳩之澤溫泉泉質亦屬有「美人湯」之名的碳酸氫鈉泉。這裏規劃有完善的大眾池，佔地寬闊，遊客能在青山綠水的大自然間充份享受怡然的泡湯樂趣。當然，天性害羞的人或是情侶夫妻亦能選擇隱密的個人湯屋。

過往在此曾鑽鑿深井，至今維護良善，持續湧出幾近沸騰的熱水。園區善加利用此難得資源，規劃了池子供遊客煮食溫泉蛋與玉米。遊客不妨向一旁的販賣部購置食材及麻繩竹藍，花些時間親自動手，品嚐用地底天然熱力烹煮出來的特殊滋味。

多望溪湯池

多望溪上的溫泉資源其實頗為豐富。除了上述的「鳩之澤溫泉」（此處的溫泉水源多由鑽井提供，水質濃郁滑潤），在其下游，由多望橋開始上溯一直到鳩之澤溫泉，也都曾經有發現溫泉湧出的紀錄。雖然這些溫泉點實為連續分佈，大可用「鳩之澤溫泉」代表全體，但因地圖文獻已習慣另稱為多望溪溫泉，故在此也因襲之。

多望溪為蘭陽溪上游眾多支流之一，發源自加羅山。因溪流繞經海拔 1050 公尺的多望山東側而得名。日據時期舊太平山區剛開始伐木時，作業地點在多望溪流域。初期是利用多望溪的水流，趁著暴雨將原木流放到下游員山貯木場後，再撈上岸貯存（1917（大正 6）年 3 月，第一批原木經水流運抵員山貯木池）。然而這種方法非但耗時，木材損耗也太大，到了 1924（大正 13）年便改為以鐵道及索道運輸原木。

多年前曾根據上河文化所出的「臺灣溫泉地圖」找尋「多望溪溫泉」位址，地圖上所標示之露頭位置是在鳩之澤溫泉的上游⋯我溯行而上，尋覓良久，就是沒有任何溫泉出露的形跡。後來才發現溫泉目前主要湧出的位置是在鳩之澤溫泉下游處。那時所找到的溫泉露頭就位於一號吊橋之下。那座串起兩岸交通的鐵線橋年久失修，連木板都沒剩幾片，早已喪失了功能，當然，原本的路跡也杳然無蹤。每一次我在深山裏見到如此凋零的歷史文物，心下皆不免傷感，曾發生在橋上的點滴，橋兩端勾連的種種故事，或友情、或愛情，或親情，就這麼淹沒於時光洪流中，不復記憶了。

2015 年初我再度帶著朋友們來多望溪探望。這次多往下游走了約 500 公尺，看到了兩處主要的湧水口，水溫皆約 50 度左右，即便匯流成池後溫度稍降，要泡湯其實仍是太熱了些。後來又在一處山壁下方的泥灘上發現一股約 42 度的水流，這才

位置：宜蘭縣大同鄉太平村
TW67 X:300529 Y:2716494
抵達難易度：中
型態：未開發溫泉區
泉質：中性碳酸氫鈉泉
pH 值：6.9
溫度：攝氏 53 度

舊時的仁澤（鳩之澤）溫泉山莊湯屋外觀，目前已毀壞不存

是適宜浸浴泡湯的溫度。只不過可能是因為摻雜了太多的細泥，水色渾濁，乏人問津。

我來回查探了一回，發現這裏四周都是薄互層的砂頁岩，溪床間不難找到斷面平整的石塊，這真是築溫泉池最好的材料了！於是我先踏進泥池裏將積生的藻類清空，順道揚起池底的細泥，讓水流帶走，接著再堆好短堤。有了阻擋，池內的溫泉水面慢慢又上升了 15 公分，原本嫌涼的水溫也逐漸提升到約 41 度左右。如此一來，最深處坐下能淹到胸線下，躺在池緣，肚子也能全淹在水面下，不至受風著涼。

打造好深度及溫度都能舒適浸泡的湯池後，我又繼續去挑選厚實的石塊砌出池岸，並利用扁薄的石板平舖池底。多耗了這些工，為的是增添點質感，創造渡假的氛圍。

雖然這只是要露營一天的野溪溫泉，我卻認為花上 3 個小時整理是很有趣的一項工程呢！而最後的成果，朋友們也都很喜歡。他們説，原本一來看到是有點髒的泥池有點小失望，沒想到最後竟然能變成乾淨清澈，溫度又適合久泡的溫泉池！尤其是一位遠從歐洲來臺求學的德國朋友，更是對能在野地裏這樣享受地浸泡溫泉稱讚不已。

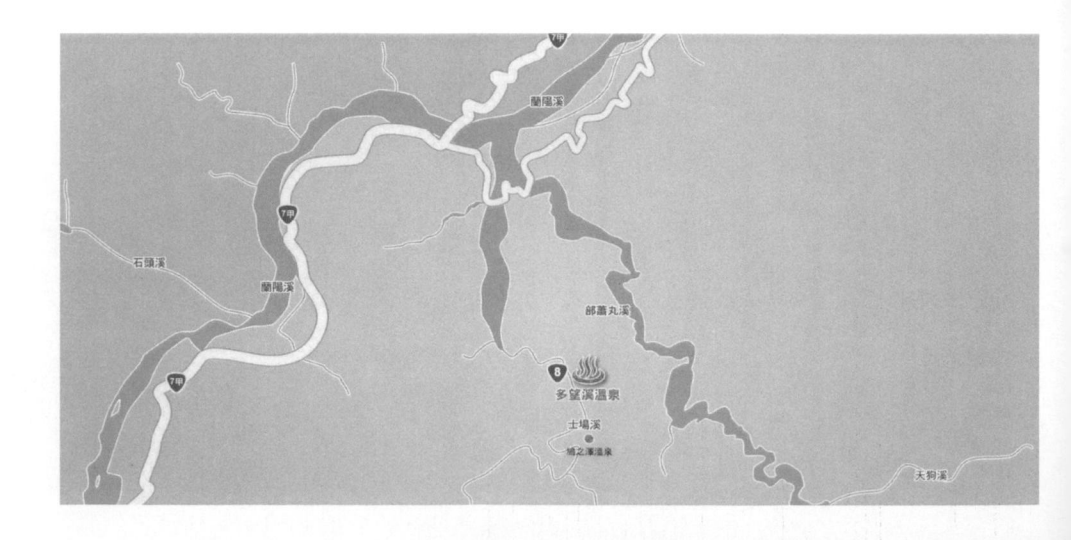

	1		
2	3	4	
		5	
		6	

1. 蒐集溪床裏斷面平坦的板岩仔細圍出日式池緣。當夜
   色降臨後，將營燈掛上枯枝，那暈黃氣氛沉靜得讓人
   想就這麼在溫潤暖泉間沉沉睡去

2. 大凡華人都愛吃，愛變著花樣吃。看到沸騰的熱水
   在眼前，第一個念頭應該也是怎麼來好好利用煮東
   西。還好鳩之澤溫泉這兒有統一提供由麻繩和竹片
   編成的籃子。不管煮些什麼，頓時都風雅了。

3. 鳩之澤溫泉泉質濃厚、設備完善、風景清幽，適合
   親子同遊

4. 鳩之澤一帶曾因地熱開發研究而鑽探數口地熱井，
   至今仍冒著大量的熱水及熱氣

5. 在多望溪溫泉最上游其實便能遠遠望見鳩之澤溫
   泉井直衝天際的白色蒸氣柱

6. 特地在池底舖滿薄石片，如此便能減少水的翻攪
   帶動砂石細泥，進而保持溫泉的透澈清淨

44 莫很

夢幻級野溪秘湯

莫很，這個帶著濃厚原住民風情的名字，過去是南澳深山部落，現在則借來指稱位在左近的溫泉。只是迢遙煙滅的獵徑以及激濁不馴的和平北溪，都是籠著一層神秘面紗的她拒人千里的天險屏障，因此大部份喜愛野溪溫泉的人們也僅能瞻仰，想像有朝一日親臨的感動。

欲前往莫很溫泉，主要有兩種路徑選擇：其一是自宜蘭南澳金洋部落依循「南澳古道」前行，翻過飯包山北側埡口後，順流興溪而下，先抵達布蕭丸溪，途經出露狀況愈來愈差的布蕭丸溫泉，再翻過矮稜上的莫往部落舊址，進到莫很溪流域繼續上溯。第二條路徑則是直接沿和平北溪而上，再切進支流莫很溪。

南澳古道，又稱「比亞毫古道」、「舊武塔古道」。比亞毫、武塔，都是這條古道途中的泰雅族部落名稱。這條古道原是南澳山區泰雅族社路，道路沿途共有十幾個部落。

過去部份泰雅族人從臺灣中部向北遷徙，分散定居於北臺灣山區，其中一群翻越南湖大山，進入宜蘭大同鄉與南澳鄉一帶。日據初期，日本人對原住民原本是威嚇與懷柔並用，到了 1906（明治 39）年，佐久間佐馬太總督改採強硬政策。

明治 41 年（1908），日本人以武力迫使大南澳地區的泰雅族部落歸順，接著將南澳山區泰雅族的社路修築為警備道路，並設置警官駐在所，強化對原住民的控制。南澳古道即是日據時代所修築的警備道路，起自今日南澳金洋村，一直大同鄉的四季村，全長約 27.5 公里。

在 1938（昭和 13）年 9 月，一名於南澳蕃童教育所從事教職的警手田北正記接到了由臺灣總督府發布的從軍徵召令，立即依法離職欲前往中國戰場。一位流興社的 17 歲少女莎韻協助搬運行李。9 月 27 日，當一行人在過渡武塔南溪時，莎韻卻在暴風雨中不幸於便橋上失足落水失蹤。事後幾經找尋，除了發現所背負的行李外，並無莎韻任何行蹤。後來臺灣總督府為了褒揚其義行，並當成宣傳樣板，頒贈予當地一座紀念銅鐘，該鐘即稱「莎韻之鐘」，此路也因而也被稱為沙韻之路。

歷經日據及民國時期，南澳山區的泰雅族各部落陸續遷往山下定居，舊路少人行走，或年久失修，或毀於天災，或隨歲月而漸漸掩沒蔓草之中。直到近年因找尋沙韻之路及部落尋根風氣漸起，路徑才稍為釐清恢復。然而過了飯包山後，通往流興溪的路徑依然變化多端，雜草叢生，所以若要採此路徑前往莫很溫泉，最好先找尋金洋或是武塔部落裏熟悉環境的人當嚮導比較好。

沿著流興溪而下，大約 2 個小時便會抵達與布蕭丸溪的交匯口，一樣頗富盛名的布蕭丸溫泉即湧於此處。只是這些年來此處的土石愈積愈高，泉況也不見好轉。通常，行進的隊伍會在此處停留一夜，隔日再接著往下游約 300 公尺，並尋找右方的山徑翻過稜線，以進入稜線後方的莫很溪流域。

在稜線一帶可以見著不少原住民石板屋，也會通過莫很駐在所遺跡，說是遺跡，也只是殘餘的大門石階。那時我坐在石板上，不禁想著：當初的日本警察們離開了繁華的日本、臺北，駐守在深山的一隅，監視著原住民部落，兩造之間，會都心有怨懟嗎？

探勘路線完全採行水路，溯行和平北溪，其實也是有一定的難度。平常遠看和平北溪感覺算平緩，當親身走在岸邊，才會發現並非那麼回事。這裏的渾水貼著岩壁流得又急又猛，翻騰洶湧，溪底大石嶙峋，跌水成瀑，頗為懾人。最好是趁著久旱不雨的乾季再安排行動，也要多帶些繩子等確保裝備，當然，頭盔同樣是少不了的，因為就曾有人在峽谷內被落石砸得頭破血流，最後是撤退到寬廣的河灘地等待直昇機吊掛救援。

不過一旦轉進支流莫很溪後，水勢便明顯減緩。莫很溪大石密布，往上游瞧，小階的瀑布一落接一落，坡度很明顯地爬升，然而有時也有平緩的淺灘，水深僅及膝，走來特別舒服。大略經過 2 個小時，便能開始聞到空氣中淡淡的溫泉味。再往前行約 500 公尺，就能見到高熱的泉水從幾近鉛直的岩縫中分好幾道噴濺，吐出陣陣的霧氣。而噴泉下方則有極似鮮奶油蛋糕般層層疊疊的各樣精巧的石灰華沉澱，中間還有大股的水像豞突泉般翻湧，真是極為特殊的溫泉景觀！

莫很溫泉的水質極佳，礦物質含量多，浸泡起來真有種柔滑順溜的觸感。漢朝科學家張衡曾寫下《溫泉賦》，裏頭提到：「天氣謠錯，有疾病兮；溫泉泊焉，以流穢兮。」北魏詩人也讚頌：「蓋溫泉者，乃自然之經方，天地之元醫。」泡溫泉倒底對健康是有益的吧？

沸騰的莫很噴泉口有著美麗的白色石灰華

位置：宜蘭縣南澳鄉金洋村
TW67 X:310367 Y:2703059
抵達難易度：難
型態：未開發溫泉區
泉質：鹼性碳酸氫鈉泉
pH 值：8.3
溫度：攝氏 90 度

溫泉蒸氣口

激烈的噴泉自岩石縫隙間成串噴出，是臺灣難見的景觀

莫很

214

1 | 2

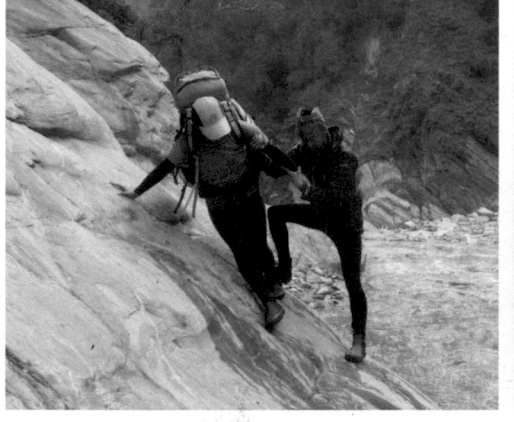

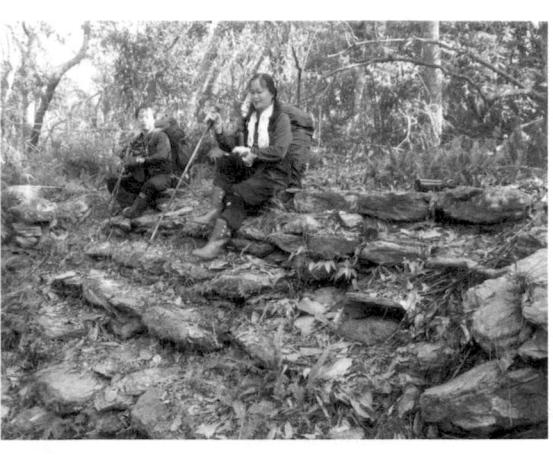

1. 過大理岩斜壁時隊員互相確保，以免失足落水
2. 莫很駐在所殘存的階梯遺跡

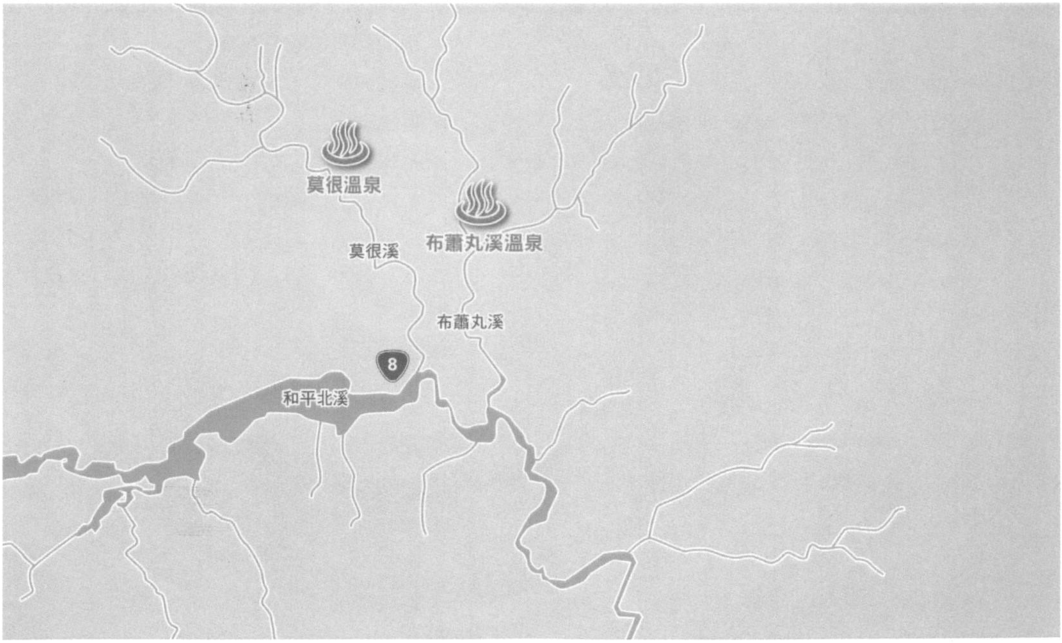

45 芃芃

平易近人卻又保有自然原味的野溪溫泉

芃芃溫泉（音「朋」，因泰雅族人稱此地為 Bonbon）是宜蘭一處具有名氣又相當熱門的野溪溫泉，因為泉量豐盛，因為風景秀麗，也因為挑戰性的確不高的緣故。在非雨季時，芃芃溪的水流清淺，四輪傳動的吉普車往往能夠輕鬆登堂入室，直抵溫泉池邊。只不過，隱藏在恬適的表象下，這裏其實也屬於土石流潛勢區。聽聞約 20 年前有回大雨滂沱，滾滾而下的土石流不僅將芃芃溫泉浴池全部覆蓋，甚至連溫泉源頭也被掩埋而消失。然而敗雖是蕭何，成也依舊蕭何，民國八十六年溫妮颱風侵襲宜蘭，山洪再次將溪流改道，溫泉露頭得以重新現蹤，出水量還比之前更為豐沛。

記得頭一回來訪，是依著網路蒐尋到的舊紀錄來走。我開車沿著台七線自宜蘭方向而來，過英士橋後，立刻向左迴轉，繞至橋下的芃芃溪床。由於開的僅是一般轎車，也只好摸摸鼻子乖乖地步行上溯。正午時光頂著炙人的驕陽走了好長一段顛簸且反射熱氣的白色石子路，上下交相攻，臉上的汗都順著面頰滴落到地上了。我狼狽地拿出地圖對照四周，正慶幸溫泉應該就在不遠的前方了，不料才轉了個彎，一處急流就橫亙面前。看著白嘩嘩的水勢不小，心裏猶疑著或許是該撤退了，此時卻瞧見對岸有幾個女生手裏提著涼鞋，嘻嘻哈哈地輕鬆涉水而過。原來，要去芃芃溫泉大可開車到英士村，將車子停放在國小一旁的停車場，再步行穿越操場及堤防，如此沿著溪邊走約 15 至 20 分鐘即可到達了。

重新繞道再走，我穿過當地人架設的簡易竹橋，溫泉也就到了。大日頭下，除了我，只有一對夫婦在泡湯。我望向那一窪窪遊客疊築的溫泉池，浮動的水面上籠著一層薄薄霧氣，沿著石塊邊則全是細細的氣泡一顆接著一顆竄上，無窮無盡地，沒沸騰也有股嚇人的氣勢。

通常在地下深處因為壓力大的緣故，水中會溶解大量的氣體（大部份是以二氧化碳為主）。一旦溫泉上升到地表解壓後，原本溶在水中的氣體就會伴隨少量

的水蒸氣自水中析出形成氣泡，這原理與開汽水瓶會冒出很多泡泡的原理相同。這種氣體從溶解狀態還原成氣態的過程是一種吸熱反應，碳酸飲料就是利用開瓶時冒出氣體帶走大量熱能，從而讓飲用者有種冰冰涼涼的感覺。不過當溫泉水中含氣量實在太多時，到達地面後熱量也會被奪走太多而使得溫度降低，蘇澳冷泉就是一個最好的例子。其實該泉水原本在地底深處也是熱的，不過竄升到地面過程中就因不停地析出二氧化碳而大幅度降溫，形成富含礦物質的冷泉。

也不知道那對夫妻是討厭被打擾還是怕羞，我才放下東西沒多久他們就拿起帽子蓋著頭午睡了。為了不要打擾到人家，我只好放慢動作，一切輕聲細語起來。心底安靜了，這也才聽到原來環繞在四周的除了風聲、水流聲，還有一陣急似一陣的蟬鳴聲。從那微薄透明的羽翼竟能磨擦疊加出如此震攝人心的聲響，卻又完美地與周遭環境融合，真是大自然珍貴的音樂賞賜。更令我驚奇的是，原來不僅是眼前的這幾池熱水，汨汨而流的溫泉竟成了河，從上游近五十公尺處迤邐而來。我拿起相機循著這淺淺的棕褐色水道而上，因為少經擾動，再加上這一段河道的溫泉水富含營養鹽，水面長滿了濃綠的藻類，配著染成棕紅色的礫石，十分醒目。我注意到蝴蝶們也喜歡暫停在這些溫泉上吸食水氣，不知道是不是因為這水裏也額外含有他們所需的營養素之故？

既然前人都已經花費了那麼多功夫將溫泉池給修築好了，我這個後至者不進去浸泡享受一番似乎也太暴殄天物了些，所以拚著只穿著短褲， 還是下水了。不過，我也只是蜻蜓點了水一下就連忙起身。水實在是太燙啦，尤其是在這酷暑的正中午，加上我也沒有多餘的時間引溪水來調整水溫。

看看時間也不早了，我還要趕著從北橫回臺北。當收拾好傢伙準備告別這人間仙境時，只見那對夫婦依舊安妥地躺著午覺，旁邊的池裏還溫著一堆食物，我猜大概是要等傍晚涼一些再繼續泡吧。在煩忙庸碌的社會生活中，能偶爾抽空這樣的放肆一下，也真夠讓人欣羨了。

位置： 宜蘭縣礁溪鄉德陽村
TW67 X:301987 Y:2723618
抵達難易度： 易
型態： 未開發溫泉區
泉質： 中性碳酸氫鈉泉
pH 值： 7.7
溫度： 攝氏 61 度

梵梵

以竹木搭成的橋樑橫跨在梵梵溪上，簡易卻別致有味道

218

1. 蒙頭在溫泉邊樹蔭下午睡的幸福夫妻湯客
2. 越過英士村裏英士分校的操場，就能看見流經一旁的梵梵溪
3. 位於倒懸崖壁下方的梵梵溫泉池，雖然別有風味，卻具有一定的危險性

自池底不停湧升的緻密氣泡是芃芃溫
泉的獨特景觀

溫泉因含有豐富的礦物質營養鹽，日
光充足且水流緩慢處便是藻類喜歡繁
衍的環境

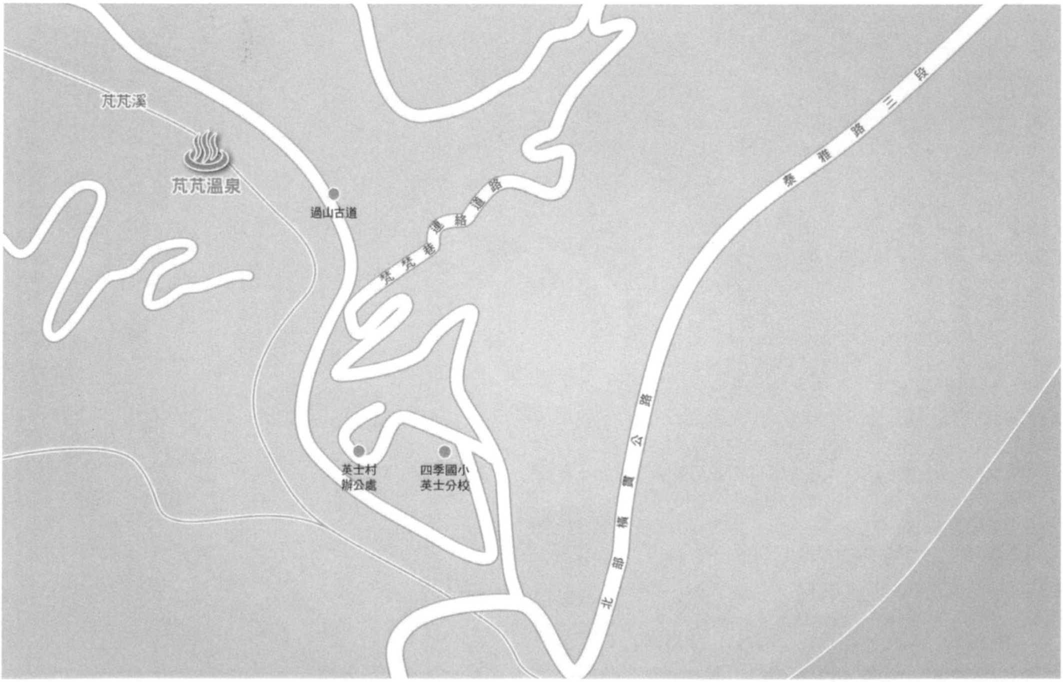

2AF213

臺灣秘境溫泉：

跨越山林野溪、漫步古道小徑，45 條泡湯路線完全探索

作者　　　陳柏淳
編輯　　　單春蘭
特約美編　逗點 Dotted Design
封面設計　逗點 Dotted Design

行銷企劃　辛政遠
總編輯　　姚蜀芸
副社長　　黃錫鉉
總經理　　吳濱伶
發行人　　何飛鵬
出版　　　電腦人文化
發行　　　城邦文化事業股份有限公司

歡迎光臨城邦讀書花園網址：www.cite.com.tw

香港發行所

城邦（香港）出版集團有限公司
香港灣仔駱克道 193 號東超商業中心 1 樓
電話：(852) 25086231
傳真：(852) 25789337
E-mail：hkcite@biznetvigator.com

馬新發行所

城邦（馬新）出版集團
Cite (M) Sdn Bhd
41, Jalan Radin Anum, Bandar Baru Sri Petaling,
57000 Kuala Lumpur, Malaysia.
電話：(603) 90578822
傳真：(603) 90576622
Email：cite@cite.com.my

印刷　　凱林彩印股份有限公司
　　　　2023 年（民 112）6 月初版 7 刷 Printed in Taiwan.
定價：350 元

國家圖書館出版品預行編目 (CIP) 資料

臺灣秘境溫泉：跨越山林野溪、漫步古道小徑，
45 條泡湯路線完全探索 / 陳柏淳著 . -- 初版 . -- 臺北市：
創意市集出版：城邦文化發行, 民 104.11
面；　公分
ISBN 978-986-5751-99-9（平裝）

1. 溫泉　2. 臺灣

354.3　　　104020561

若書籍外觀有破損、缺頁、裝釘錯誤等不完整現象，
想要換書、退書，或您有大量購書的需求服務，都請與客服中心聯繫。

客戶服務中心

地址：10483 臺北市中山區民生東路二段 141 號 2F
服務電話：（02）2500-7718、（02）2500-7719
服務時間：周一至周五 9：30 ～ 18：00
24 小時傳真專線：（02）2500-1990 ～ 3
E-mail：service@readingclub.com.tw

※ 詢問書籍問題前，請註明您所購買的書名及書號，以及在哪一頁有
　問題，以便我們能加快處理速度為您服務。
※ 我們的回答範圍，恕僅限書籍本身問題及內容撰寫不清楚的地方，
　關於軟體、硬體本身的問題及衍生的操作狀況，請向原廠商洽詢處理。

◎廠商合作、作者投稿、讀者意見回饋，請至：
　FB 粉絲團 • http://www.facebook.com/pcuserfans
　Email 信箱 • pcuser@pcuser.com.tw